高等医学院校实验系列规划教材

微生物学实验指导

WEISHENGWUXUE SHIYAN ZHIDAO

U0318391

主　编　吕　杰　张　涛

副主编　高淑娴　徐志本　周　平

编　委　陈登宇　马丽娜　徐志本

　　　　吕　杰　张　涛　高淑娴

　　　　周　平　郑庆委

中国科学技术大学出版社

内 容 简 介

本实验指导分为三部分。第一部分为微生物学基本实验技术和操作技能,共设 12 个实验;第二部分为一些重要病原体的检测和鉴定,共设 6 个实验;第三部分为环境和食品中常见病原微生物的检测,共设 4 个实验。每个实验的编写力求实用、简明、条理清晰,并配有图表。为进一步增强学生对知识点的理解和掌握,提高学生分析和解决实际问题的能力,部分实验增设了"注意事项""思考题"及"知识拓展"。

本书可供高等院校生物科学、食品质量等专业的学生学习使用,也可供有关研究人员和技术人员参考。

图书在版编目(CIP)数据

微生物学实验指导/吕杰,张涛主编. —合肥:中国科学技术大学出版社,2018.8
ISBN 978-7-312-04507-3

Ⅰ. 微⋯ Ⅱ. ①吕⋯ ②张⋯ Ⅲ. 微生物学—实验—医学院校—教学参考资料 Ⅳ. Q93-33

中国版本图书馆 CIP 数据核字(2018)第 164083 号

出版　中国科学技术大学出版社
　　　安徽省合肥市金寨路 96 号,230026
　　　http://press. ustc. edu. cn
　　　https://zgkxjsdxcbs. tmall. com
印刷　安徽省瑞隆印务有限公司
发行　中国科学技术大学出版社
经销　全国新华书店
开本　710 mm×1000 mm　1/16
印张　13
字数　269 千
版次　2018 年 8 月第 1 版
印次　2018 年 8 月第 1 次印刷
定价　35.00 元

前　　言

　　微生物学是生命科学中的一门重要学科,为学习生命科学、食品卫生及药物分析等专业的课程奠定了重要的理论基础。微生物学实验的基本操作技术在微生物学的创建和飞速发展中发挥了巨大作用。为适应微生物学的快速发展和实用型人才的培养需要,我们在蚌埠医学院基础医学院有关部门的组织和支持下,经过教研室多名资深教师的共同努力,完成了这本《微生物学实验指导》的编写,希望能借此提高实验教学质量,使学生掌握基本理论、基本知识和基本技能。

　　为适应学科的发展,满足教学的需要,培养学生理论联系实际、独立思考、独立操作的能力,结合教学实际情况,我们对实验内容进行了认真筛选,同时对编写体系做了有机整合。本实验指导由浅入深,从微生物学实验室规则及安全入手,强化微生物学实验室生物安全及要求;重视微生物学基本技能和基础性实验的掌握,详细介绍了微生物学的基本实验技术及基础性实验,夯实学生微生物学实验基础;精炼环境和食品中病原体的分离鉴定,简要介绍了常见病原体(细菌、真菌、病毒)的微生物学实验检查;创新性地设置了综合性试验,介绍食品中常见病原体的微生物学检查原则及方法。对每一个实验的编写力求实用、简明、条理清晰,每一个实验分别介绍了实验的目的、材料、原理、方法及结果观察等,并附有必要的图表。结合编者多年的教学经验,部分实验增设了"注意事项""思考题"及"知识拓展",以期增强学生对知识的理解和掌握,提高学生分析问题和解决问题的能力。

　　由于编者水平有限,加之编写时间紧迫,书中存在不足之处在所难免,恳请广大师生给予指正,我们将在今后的教学工作中不断加以补充和完善。

编　者
2018 年 8 月

目　　录

绪论 微生物学实验室规则及安全

一、微生物学实验的目的与要求

1. 实验目的

开展微生物学实验的目的是加强和巩固学生对所学理论知识的理解,这是对理论知识的重要补充。在系统学习理论知识的基础上,通过微生物学实验的开展,使学生掌握微生物学的基本操作、基本技术,为今后的工作实践及科研工作奠定坚实的基础。

2. 实验要求

为达到预期的实验目的,要求学生应做到以下方面:

(1) 实验课前应做好预习,明确本次实验的目的、原理、内容、理论依据及操作中的注意事项,尽量避免或减少错误发生。

(2) 认真听取指导老师的讲解和示教,仔细观摩实验课中的影像、多媒体等电化教材演示。

(3) 在实验过程中,应持严肃认真的科学态度,合理分配时间,爱护实验器材。

(4) 在整个微生物学实验过程中,应建立"无菌概念",培养"无菌操作"技能。

(5) 在实验过程中应严格按照实验操作步骤,注意生物安全,防感染、防污染和防扩散。

(6) 实验课中应独立思考、独立操作,培养分析及解决问题的能力。

(7) 实验结果应真实记录,并独立撰写实验报告(根据需要选用彩笔绘图),如实验结果与理论不符,应探讨和分析其产生的原因。

二、微生物学实验室学生安全规则

微生物学实验室常涉及病原微生物,任何细微疏忽或者不规范操作均可能导致严重的后果。因此,为了防止微生物学实验过程中学生自身感染及环境污染,根据中华人民共和国国务院令(第424号)《病原微生物安全管理条例》,参照"实验室生物安全通用要求",结合学生实验的实际情况,制定以下学生安全规则:

(1) 学生进入实验室应正确穿白大衣,离开时脱下并反折放回原处,不必要的物品不得带入实验室,必须带入的书籍和文具等应放在指定的非操作区,以免受到污染。无菌操作时必须戴口罩,不得开启易造成空气流动的电器设备,如电风扇、吊扇及空调等。

(2) 进入实验室进行实验操作前应先洗手,避免手上的分泌物、食物油、护肤用品和沾染的微生物等对实验造成污染。

(3) 与实验无关的物品不得带入实验室,实验室内的任何物品不得带出实验室。禁止在实验室工作区域进食、饮水、吸烟、化妆和处理隐形眼镜;不得高声谈笑,不得嬉戏打闹,应保持实验室内的安静、整洁、有序。

(4) 各种实验物品应按指定地点存放,小心处理传染性材料、培养物和污染物,用过的器材必须及时放入盛有消毒液的容器内,不得放在桌上,也不能在水槽内冲洗。

(5) 严禁用嘴吸移液管或将实验材料置于口内,严禁用舌舔标签。

(6) 实验过程中需送入温箱培养的物品,应做好标记后送到指定温箱培养。

(7) 实验过程中发生差错或意外事故时,禁止隐瞒或自作主张不按规定处理,应立即报告老师进行正确的处理。如有传染性的材料污染桌面、地面等,应立即用 0.2%～0.5% 的 84 消毒液浸泡污染部位,作用 5～10 min 后方可抹去。如手被活菌污染,也应使用上述浓度的消毒液浸泡 5～10 min 后,再以自来水反复冲洗干净。

(8) 爱护室内仪器设备,严格按操作规则使用。节约使用实验材料,不慎损坏了器材等物品应主动报告指导老师进行处理。

(9) 在实验课结束前应清点、整理好实验物品,清点菌种管,应物归原处并将桌面整理干净。若有缺失,应立即报告任课教师,查清后方能离开实验室。

(10) 实验完毕后,以肥皂洗手,必要时用一定浓度的消毒液泡手后方可离开实验室。值日生打扫室内卫生,关好水、电、煤气、门窗,洗手后离室。

三、实验室废弃物处理标准规程

实验室废弃物处理的标准规程如下:

(1) 实验室工作人员做好个人防护。穿好工作服,戴好手套、口罩和帽子等。

(2) 实验人员用防渗专用包装容器(袋)或者防锐器穿透密闭容器,收集实验室废弃物。在包装上贴警示标志和标签,标签上填写废弃物的名称、数量、产生日期、处理人名字、废弃物来源、是否回收、处理注意事项等,然后存放于规定位置。实验准备人员及时进行无害化处理,并做好实验室废弃物处理记录。

(3) 废弃物分类处理。

① 感染性废弃物处理:培养基、标本和菌(毒)种保存液、血液、血清、临床标本等感染性废弃物首选压力蒸汽灭菌。使用过的一次性手套、口罩、帽子、试管、吸管、移液器吸头,一次性实验用品及实验器械等感染性废弃物可选用高压蒸汽灭菌

或消毒液浸泡 24 h。

② 损失性废弃物处理：针头、缝合针、解剖刀、手术刀、备皮刀、手术锯、实验玻片、玻璃试管、玻璃安瓿等能够刺伤或割伤人体的废弃的实验利（锐）器等损伤性废弃物需放入符合要求的利器盒里，容器装满 3/4 后封盖，进行高压蒸汽灭菌处理，按要求贴上警示标志和标签。

③ 重复使用检验器材处理：重复使用的器材，清洗后灭菌、烘干备用；若染菌，则先灭菌、再清洗，再灭菌、烘干备用。

四、实验室意外事故处理

为降低实验室发生意外事故对生物安全造成的不利影响，保障实验人员的安全和实验室生物的安全，实验人员必须严格遵守操作程序，一旦意外事故发生，实验人员应立即停止工作，及时通知实验室主任，并采取应急措施和检修，具体如下：

（1）实验人员被实验动物咬伤时，应立即停止工作，用 3% 双氧水或碘酒擦拭受伤部位，用创可贴或消毒纱布包住受伤部位，然后按照退出程序退出实验室，如需要再进行必要的医学处理，同时通知实验室主任。

（2）当实验动物逃逸时，在将实验动物抓获后，应立即对动物逃逸时的路线及实验区域严格消毒并作备案。

（3）皮肤破损时，先除去异物，再用生理盐水或蒸馏水清洗双手和受伤部位，使用适当的皮肤消毒剂，必要时进行医学处理。要记录受伤原因和相关的微生物，并保留完整适当的医疗记录。

（4）烧伤时，局部涂抹凡士林、5% 鞣酸或 2% 苦味酸。

（5）化学药品腐蚀伤害。① 强酸：先用大量清水冲洗，再用碳酸氢钠溶液洗涤中和。② 强碱：先用大量清水冲洗，再用 5% 硼酸溶液洗涤中和。如受伤处为眼部，经上述步骤处理后，再用橄榄油或液体石蜡 1～2 滴滴眼。

（6）食入潜在感染性物质后，应立即将含菌液体吐入消毒容器内，并用 3% 双氧水漱口；根据菌种不同，服用对症抗菌药物预防感染及做相应的医学处理。要报告食入材料的鉴定和事故发生的细节，并保留完整适当的医疗记录。

（7）当盛有感染性物质的容器破碎或感染性物质溢出时，实验人员应立即用蘸有消毒液的抹布覆盖溢出感染物及含有感染物的破碎容器，10 min 后将抹布及破碎物品清理掉（注意：用镊子清理玻璃碎片），然后再用消毒剂擦拭被污染区域。用于清理的抹布等物品装入耐高温高压灭菌袋内，封口后用高压蒸汽灭菌法进行消毒处理。

（8）对离心机内盛有潜在危害物质的离心管，如果机器正在运行时怀疑发生破损，应立即关闭机器电源，让机器密闭静置 30 min；如果机器停止后发现破损，应立即盖上盖子，让机器密闭 30 min。将所有破碎的离心管、离心机内盖和转头在

0.2%新洁尔灭消毒剂内浸泡、擦拭。对未破损的离心管做表面消毒处理。

（9）潜在危害性气溶胶的释放。出现事故时，所有人员必须立即撤离相关区域，任何暴露人员都应接受医学咨询，立即通知实验室负责人。为了使气溶胶排出和较大的粒子沉降，在1 h内严禁人员入内，推迟进入实验室24 h，张贴"禁止进入"的醒目标志。过了相应时间后，在生物安全专业人员的指导下清除污染。应穿戴适当的防护服和呼吸保护装备。

（10）火灾和自然灾害。发生自然灾害时，应向当地或国家紧急救助人员提出警告。感染性物质应收集在防漏的盒子内或结实的一次性袋子中，由生物安全人员依据当地的规定决定继续利用或是最终丢弃。发生火灾时，须沉着、冷静，切勿惊慌，应立即关闭电闸和煤气阀门，如为酒精、乙醚、汽油等有机溶液起火，切忌用水扑救，可用沙土等扑灭，必要时拨打火警电话求助。

五、实验室菌种、样本的使用、销毁和保藏

实验室应规范微生物菌种、样本的使用、销毁和保藏工作，防止微生物的感染与扩散。

1. 微生物菌种、样本的使用

（1）使用微生物菌种、样本时须在相应生物安全级别的实验室中进行。

（2）在使用微生物菌种、样本时应按上岗证的项目范围进行实验活动，使用高致病性或可疑高致病性病原微生物菌种、样本按其特殊规定进行。

（3）使用微生物菌种、样本时，如发生意外事件或生物安全事故时，应按"实验室感染应急预案"的相关规定进行处理。

（4）使用后剩余的微生物菌种、样本需要归还的，应按要求归还，并由使用者和保藏者双方签名；不需归还的，应视为感染性废弃物，按"实验废弃物管理规定和处置要求"进行处置。

2. 微生物菌种、样本的销毁

（1）菌种、样本在销毁前经科室负责人批准，并在保藏记录上注销，写明销毁原因，并填写销毁记录，记录应包括时间、方法、销毁人、批准人等。

（2）销毁菌种、样本应按"实验废弃物管理规定和处置要求"中感染性废弃物的处理方法进行，必要时应在质量管理办公室监督下进行销毁。

（3）销毁高致病性病原微生物菌种、样本时应按照特殊要求进行。

3. 微生物菌种的保藏

（1）实验室应指定专人负责菌种的保藏，双人双锁，并建立所保藏的菌种名记录清单，确保菌种安全。

（2）保管人员变动时，必须严格执行交接手续。

（3）菌种应有严格的登记，包括购进日期、使用情况、销毁情况、销毁人、方法、

数量等。

（4）各菌种应按规定时间接种，一般接种不超过五代，同时注意菌种有无污染及变异，如发现污染时，应及时更换。

（5）菌种保存范围及向外单位转移，应按国家卫生部规定执行。

（6）所有存在的菌种应具备详细清单，列明相关信息。

（7）使用菌种工作时，如发生严重污染环境或实验室人身感染事故时，应及时处理，并向当地卫生局报告。

（张涛）

实验一　显微镜的使用和维护

【实验目的】

(1) 熟悉显微镜的结构、功能和使用方法。

(2) 掌握油镜的使用和维护方法。

【实验内容】

绝大部分的微生物,如细菌、病毒和单细胞真菌等,必须借助显微镜(光学显微镜或电子显微镜)放大才能被观察到,其中实验室使用最广泛的是普通光学显微镜(本书中简称为显微镜),所以,正确使用和维护显微镜是进行微生物学实验研究必须掌握的基本技能之一。

一、普通光学显微镜的基本构造

普通光学显微镜的基本构造分为机械系统和光学系统两大部分,本节以目前较为常用的电光源光学显微镜为例进行介绍(图 1.1)。机械系统包括镜座、镜臂、载物台及台上的标本推进器、镜筒、物镜转换盘、升降调节器等,其主要作用是支撑、固定镜头、调节物象焦距、搁置和移动标本。光学系统包括反光镜(或电光源)、光圈、聚光器、物镜、目镜等,作用是收集光源并聚集于标本上,然后通过透镜放大成像,使人眼可以分辨在裸眼时不能看见的细节。物镜一般有 4×、10×、40×、100×等几种。100×的物镜是油镜,是微生物学实验最常用的物镜。因为目镜多为 10×,所以使用油镜观察标本时,放大倍数为 1 000,可以将实际大小为 1 μm 左右的细菌放大至人眼能分辨的 1 mm 左右。

1. 机械系统

(1) 镜筒:上端装接目镜,下端与物镜转换器相连。

(2) 物镜转换器:又称旋转盘,是安装在镜筒下方的一个圆盘结构,可以按顺时针或逆时针方向旋转,其上平均分布有 3～4 个圆孔,用以装载不同放大倍数的物镜。

(3) 镜臂:支持镜筒和镜台的弯曲状结构,是取用显微镜时的握持部位。

(4) 镜台:也称载物台,是放置被检测标本片的平台。镜台上有标本移动器

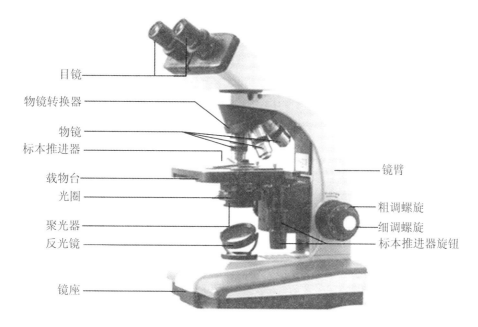

目镜

物镜转换器

物镜
标本推进器

载物台
光圈

聚光器
反光镜

镜座

镜臂

粗调螺旋
细调螺旋
标本推进器旋钮

图 1.1 普通光学显微镜结构示意图

(推进尺),可使标本片前后左右移动。镜台中央有圆形的通光孔,来自下方的光线经此孔照射到标本上。

(5) 调焦器:也称调焦螺旋,用于调节物镜与被检物体之间的焦距,一般设有粗调螺旋和细调螺旋,前者用于概略调焦,后者用于精密调焦。

(6) 镜柱:是连接镜臂与镜座的短柱。

(7) 镜座:位于最底部,是整台显微镜的基座,用于支撑和稳定镜体。有的显微镜在镜座内装有光源。

2. 光学系统

光学系统包括目镜、物镜、聚光器、反光镜等。

(1) 目镜:也称接目镜,安装在镜筒的上端。每个目镜一般由两个透镜组成。其上刻有放大倍数,如 5×、10×、15×,其中 10× 多见。镜中常装有一条黑色细丝作为指针,以便指示物像供人观察。

(2) 物镜:也称接物镜。每个物镜由数片凸透镜组合而成,其下端接近被检标本。接物镜一般有低倍镜、高倍镜和油镜三种。它们安装在物镜转换器上,各有一些标志,如低倍镜:10×0.25(10/0.25),10 表示放大倍数,0.25 表示数值孔(口)径(NA);高倍镜:40×0.65(40/0.65);油镜:100×1.25(100/1.25)。

(3) 聚光器:位于载物台通光孔的下方,由聚光镜和光圈组成,其主要功能是将光线集中到要观察的标本上。聚光器由 2～3 个透镜组合而成,其作用相当于一个凸透镜,可将光线汇集成束。在聚光器的左下方,有一调节螺旋,可使其上升或下降,升高可使光线增强,反之光线变弱。光圈也称彩虹光阑或孔径光阑,位于聚光器的下端,是控制进入聚光镜光束大小的可变光阑。它由十几张金属薄片组合排列而成,其外侧有一小柄,可使光圈的孔径张大或缩小,以调节光线的强弱。有的显微镜在光圈下方装有滤光片环,可放置不同颜色的滤光片。

(4) 反光镜:是位于显微镜镜座上方的一个可以转动的圆镜。反光镜具有两面,一面是平面镜,一面为凹面镜,其作用是收集光线。平面镜使光线分布较均匀,凹面镜有聚光作用,反射的光线较强,一般在光线较弱时使用。

二、显微镜的使用

1．低倍镜的使用

(1) 准备:打开实验台上的工作灯,转动粗调螺旋。将载物台略下降(或使镜筒略升高),使物镜和载物台距离稍拉开。再旋转物镜转换器,将低倍镜对准载物台中央的通光孔,当镜头完全到位时,可听到轻微的"卡嗒"声。

(2) 调光:打开光圈,上升聚光器,双眼向目镜内观察,同时调节反光镜的角度,使视野内的光线亮度均匀、适中。

(3) 放片:把所需要观察的标本片放到载物台上,并用移动器上的弹簧夹固定好,然后把观察的标本部位移到通光孔的正中央。

(4) 调焦:从显微镜侧面注视低倍镜,同时用粗调螺旋使载物台缓慢上升(或使镜筒下降),直到低倍镜镜头距载玻片标本约 5 mm 时,再从目镜里观察视野,同时用左手慢慢转动粗调螺旋,使载物台缓缓下降(或使镜筒缓缓上升),直至视野中出现物像为止。如物像不清晰,可转动细调螺旋,直至视野中的物像清晰为止。

2．高倍镜的使用

(1) 依照上述操作步骤,先用低倍镜找到标本片中的物像。

(2) 将观察物移至视野中央,同时转动细调螺旋,使被观察的物像清晰。

(3) 眼睛从侧面注意物镜,转动物镜转换器,使高倍镜镜头对准通光孔。

(4) 眼睛向目镜内观察,同时微微转动细调螺旋,直至视野内的物像清晰。

有时,在低倍镜准焦情况下,直接换高倍镜时会发生高倍镜与标本片碰撞,导致标本转不过来,此时应将载物台下降或使镜筒升高,直接用高倍镜调焦。方法是从侧面注视物镜,调节粗调螺旋,使高倍镜头下降至与标本片最短距离,再观察目镜视野,慢慢调节细调螺旋,使镜头缓缓上升,直至物像清晰为止。

3．油镜的使用

(1) 用低倍镜或高倍镜找到所需观察的标本物像,并将要进一步放大的部位移至视野中央。

(2) 转动物镜转换器,移开低倍镜或高倍镜,在标本片的中央滴一滴香柏油,眼睛从侧面注视镜头,轻轻转换油镜,使镜面浸在油滴中。在一般情况下,转过油镜即可看到物像,如不清楚,用细调螺旋调节至物像清晰。

（3）油镜观察完毕后取下标本片，并下降载物台约 10 mm，把物镜转到一边，立即用擦镜纸拭去镜头上的油。若油已干，可用擦镜纸蘸取少许二甲苯擦净，并用另一张擦镜纸拭去二甲苯，以防二甲苯使镜头脱胶落下。

（4）封加盖片的标本片擦拭方法同油镜。无盖片的标本片，可用拉纸法擦油，即用一小块擦镜纸覆盖在标本片油滴上，再滴一滴二甲苯，平拉擦镜纸，反复几次即可擦净，也可直接在二甲苯中把标本片上的油洗去。

添加香柏油的原理：因油镜的放大倍数高、透镜较小，而且载玻片和空气的折射率不同，从标本片透过的光线经折射后部分光线不能进入油镜，故视野亮度不够，且物像不清晰，在油镜和标本片之间滴加香柏油，因其折射率 $n = 1.515$，与载玻片的折射率（$n = 1.520$）相仿，故可使进入油镜头的光线增加，物像清晰（图 1.2）。

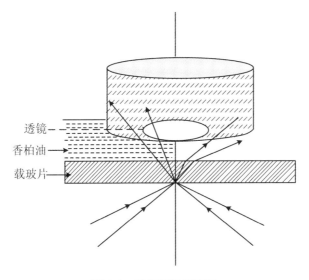

图 1.2　油镜原理示意图

三、显微镜使用的注意事项和维护

（1）使用显微镜时应小心爱护，不得随意拆卸。

（2）取显微镜时应一手紧握镜臂，一手托住镜座，切忌一手斜提，前后摆动，以避免零部件滑落。

（3）显微镜应置于离实验台边缘约 6 cm 处，以免显微镜翻倒落地。课间离开座位时，应将倾斜关节复原，镜头转离通光孔位置。

（4）要熟悉粗、细调螺旋转动方向，并能配合使用，调节焦距时，眼睛必须注视物镜头，以免压坏标本和损坏镜头。

（5）观察带有液体的临时标本要加盖片，应将显微镜充分放平，以免液体污染镜头和显微镜。

（6）显微镜不得与强酸、强碱、乙醚、氯仿和酒精等化学药品接触,如不慎污染时,应立即擦拭干净。

（7）要保持显微镜的清洁,显微镜的光学部分只能用擦镜纸轻轻擦拭,不可用纱布、手帕、普通纸张或手指擦拭,以避免磨损镜面。

（8）显微镜使用完毕,将三个接物镜转成"八"字形,将聚光器下降,放入显微镜箱内。切不可把显微镜放在直射光线下曝晒。

（9）关闭显微镜时,应先将灯泡亮度调至最低,再关闭电源,最后拔插头。

四、显微测微尺的使用

对微生物或细胞进行形态观察时,若要测量它们的大小,就要用到显微测微尺。

1. 原理

目镜测微尺（图 1.3（a））是一块可放在目镜内的隔板上的圆形小玻片。在它的中央刻有精确的刻度,有等分 50 小格和 100 小格两种,每 5 小格之间有一长线隔开。因为目镜和物镜的放大倍数有所不同,目镜测微尺每小格所代表的实际长度就不一样。所以,目镜测微尺不能直接用来测量微小标本的大小,使用前要用镜台测微尺校正,以测算出在一定的目镜和物镜下该目镜测微尺每小格的相对值,然后才能用来测量微生物的大小。

镜台测微尺（图 1.3（b））是中央部分刻有精确等分线的载玻片。一般每个小格的长度是 0.01 mm,是专用于校正目镜测微尺的每格长度的。

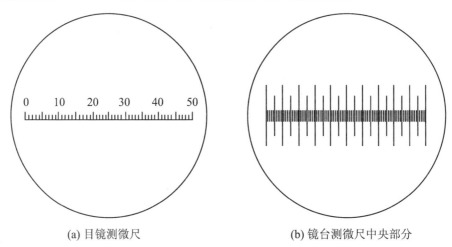

(a) 目镜测微尺　　　　　　　　　　(b) 镜台测微尺中央部分

图 1.3　显微测微尺

2．使用方法：目镜测微尺的标定

（1）放置镜台测微尺：将镜台测微尺置于显微镜的载物台上，使刻度面朝上。

（2）放置目镜测微尺：取出目镜，旋开透镜，将目镜测微尺放在目镜的隔板上并使刻度向下，然后旋紧目镜透镜，将目镜放回镜筒内。

（3）校正目镜测微尺：先在低倍镜下看清镜台测微尺，转动目镜，使目镜测微尺的刻度平行于镜台测微尺的刻度，移动镜台测微尺使两种测微尺在某一区间内的两对刻度线完全重合，然后计数出两对重合线间各自所占的格数（图 1.4）。根据以下公式算出目镜测微尺每格所代表的实际长度：

$$目镜测微尺每小格长度(\mu m) = \frac{重合镜台测微尺格数 \times 10}{重合目镜测微尺格数}$$

在高倍镜和油镜下目镜测微尺每小格所代表的长度可用同法校正。

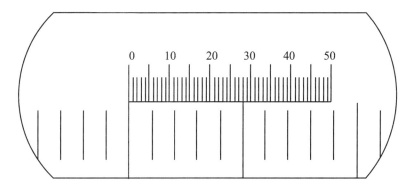

图 1.4　目镜测微尺与镜台测微尺校正时的情况

（4）微生物或细胞大小的测定：移去镜台测微尺，换上微生物或细胞染色玻片标本，调节焦距使物像清晰，转动染色标本或目镜测微尺，测出微生物或细胞的长度和宽度所占的格数，将此结果乘以每小格所代表的长度，即可求出单个标本的大小。为准确起见可以采用多次测量求平均值的办法确定微生物或细胞的大小。在测定细菌大小时通常采用的是处于对数生长时期的细菌。

（5）复原：取出目镜测微尺，复原显微镜，将所用的两种测微尺擦干净放回盒内保存。

（张涛）

实验二　微生物学实验室常用仪器的使用

【实验目的】

掌握微生物学实验室常用仪器的使用方法和注意事项。

【实验仪器】

恒温培养箱、水浴箱、冰箱、离心机、电热干烤箱、高压蒸汽灭菌器等。

【实验内容】

一、恒温培养箱

恒温培养箱简称温箱,是微生物学实验中不可缺少的设备,主要用于细菌培养及一些恒温实验。

1. 使用方法

(1) 依次打开外门和玻璃门,将实验物品放入培养箱后,关闭玻璃门与外门,并将箱顶上方风顶活门适当旋开。

(2) 在未通电加热前,必须先加水,使浮标指示至"止水"为止。为节约用电和减少加热时间,可加入比需用温度低4℃的温水。

(3) 接通电源,开启电源开关。

(4) 旋转设定旋钮,设定所需温度值。

2. 注意事项

(1) 使用前必须注意所用电源电压是否与所规定的电压相符,并将电源插座接地或按规定进行有效接地。

(2) 在通电使用时,切忌用手触及箱左侧空间的电器部分或用湿布揩抹及用水冲洗。

(3) 实验物放置在箱内不宜过挤,使空气流动畅通,保持箱内受热均匀,在实验时,应将风顶活门适当旋开,以利调节箱内温度。

(4) 每次使用完毕后,须将电源切断,保持箱内外清洁和水箱内水的清洁。

(5) 应经常注意水箱内的水位,浮标指示牌下降至"起水"位置时应加水,切勿断水。

二、冰箱

微生物学实验中使用的冰箱有普通冰箱和超低温冰箱,主要用于保存菌种、培养基及试剂,使用方法和家用冰箱相同,但需注意以下几点:

(1) 使用前查看冰箱所需电压与供应电压是否一致,尤其是超低温冰箱,必要时配置变压器。

(2) 冰箱应放置在干燥阴凉处,四周要与墙壁保持适当距离,远离热源。

(3) 普通冰箱冷藏室温度不宜过低,一般为 5～10 ℃,以免试剂及培养基结冰。

(4) 冰箱开启时应尽量短暂,温度过高的物品不能放入冰箱中,从超低温冰箱中取物品时必须戴厚手套。

(5) 冰箱内应保持清洁干燥,需定时除霜清洁,如有霉菌生长,需用福尔马林熏蒸。

三、离心机

微生物学实验中常用的离心机主要有普通离心机、低温高速离心机和超速离心机,用于沉淀细菌、分离血清和其他比重不同的材料。这里仅介绍普通离心机。

1. 使用方法

(1) 将盛有离心物品的离心管放入离心机金属套管内,在天平上配平。

(2) 将离心管及其套管按对称位置放入离心机转盘中,将离心机盖子盖好。

(3) 打开开关,缓慢调至所需转速,维持一定时间。

(4) 到达一定时间后缓慢使速度下降,然后关闭开关。

(5) 离心机转盘静止后,方可开盖拿取离心管。

2. 注意事项

(1) 物品离心前一定要配平,为防止离心管在离心过程中破裂,可在离心管与套管间垫上棉花。

(2) 离心过程中如发现离心机震动、有杂音或有金属音,应立即关闭开关,并仔细检查原因。

(3) 启动和关闭离心机时,速度变化不宜过快,应缓慢转动速度调节器。转动盘未停止时,禁止打开离心机。

(4) 如带菌物品离心时破裂,应立即消毒后方可再用。

四、高压蒸汽灭菌器

1. 构造

高压蒸汽灭菌器是一个双层的金属圆筒,两层之间盛水。外层坚厚,其上方有金属厚盖,锅沿旁有螺栓,借以将锅盖紧闭,使锅内气体不能外溢,蒸汽压力升高,从而水蒸气的温度也相应地升高,它们之间的关系见表 2.1。

表 2.1 不同蒸汽压力下所达到的温度

蒸汽压力			温度(℃)
MPa	kg/cm²	Psi	
0.034	0.35	5	108.8
0.055	0.56	8	113.0
0.069	0.70	10	115.6
0.103	1.05	15	121.3
0.137	1.40	20	126.2
0.172	1.75	25	130.4
0.207	2.11	30	134.6

注:Pa 为帕斯卡;MPa 为百万帕斯卡;1 Pa = 9.8 dyn/m²;Psi 为磅/英寸²。

高压蒸汽灭菌器上装有排气阀、安全活塞以调节灭菌器内蒸汽。有压力表和温度计,以显示内部的蒸汽压力和温度。

2. 使用方法

向高压蒸汽灭菌器内加水至规定量,放入待消毒物品,关上灭菌器盖,用螺栓将其与锅体紧密固定,使之密闭。加热灭菌器,当压力表指针达 5 Psi 时,打开排气阀,使灭菌器内空气排出,灭菌器内的压力均由水蒸气产生。否则,压力表所示的压力并非全部由水蒸气产生,温度将不正确,影响灭菌效果。灭菌器内的温度与空气排除量的关系见表 2.2。

灭菌器内空气先由排气阀排出,继而水蒸气排出,待有大量蒸汽排出时(呈白色雾状气流),即可认为灭菌器内的空气已经全部排出。此时,关闭排气阀,灭菌器内压力逐渐升高,直至压力表所显示的压力达到所需的压力(如 0.10 MPa),调节安全阀,使灭菌器内的压力在该值上下,维持 20～30 min。灭菌时间到达后,停止加热,待灭菌器内的压力自行下降至"0",打开排气阀,使灭菌器内的压力与外界压力完全一致,打开灭菌器盖,取出灭菌好的物品。

高压蒸汽灭菌法是最可靠的灭菌方法之一,凡耐高温和潮湿的物品均可采用本法进行灭菌,如手术器械、培养基、生理盐水、敷料等棉织品、玻璃制品、传染性污染物及废弃的微生物培养物等。

表 2.2　高压蒸汽灭菌器内温度与空气排除量的关系

蒸汽压力		能达到的温度（℃）				
MPa	kg/cm²	空气完全被排除	空气排除 2/3	空气排除 1/2	空气排除 1/3	空气完全未被排除
0.034	0.35	109	100	94	90	72
0.069	0.70	115	109	105	100	90
0.103	1.05	121	115	112	109	100
0.137	1.40	126	121	118	115	109
0.172	1.75	130	126	124	121	115
0.207	2.11	135	130	128	126	121

3. 注意事项

（1）使用前必须加入足够量的水，加热至压力达到 5 Psi 时，打开排气阀，使灭菌器内的冷空气排出。

（2）灭菌完毕后，需待灭菌器内压力自行缓慢下降至 0 时，方可打开排气阀，仍有压力时不得打开排气阀，更不得打开密闭螺栓，以避免意外的发生。

（3）灭菌的时间应根据物品的种类和体积适当增减，以保证灭菌效果。

（4）欲检查灭菌器内的压力和温度是否相符，可把熔点与所需检查的温度相一致的化合物装入试管中，经减压熔封后放入灭菌器内进行灭菌实验，灭菌完毕后，取出试管观察试管内的化合物是否熔化，即可判定压力与温度是否相符。一般常用硫磺检查灭菌器内温度是否能达到 121℃。

五、电热干烤箱

1. 构造

干烤箱是由双层铁板制成的长方形金属箱，外壁内面充以石棉等隔热材料，箱顶有孔，供放置温度计和空气流通之用。箱底有加热用的电炉，另有鼓风机用于加速箱内的冷热空气对流，使箱内的温度在短时间内与温度计显示温度达到一致。干烤箱的旁边有控制系统，用来调节和控制箱内的温度。箱内有金属隔板，供放置灭菌物品。

2. 使用方法

将待灭菌的物品清洁、包装好后，放入干烤箱内的隔板上，关门后打开通气孔，通电加热，使箱内温度升高至 160～170℃以后，保持 2 h，即可达到灭菌的目的。在有棉塞和包装纸的情况下，温度最高不得超过 180℃，否则，棉花和包装纸将会被烤焦,甚至燃烧。灭菌结束后,关闭电源以停止加热,待箱内温度降至 80 ℃ 以下后,方可开门取物,避免玻璃门和箱内的玻璃器皿因骤冷而发生破裂。

3. 注意事项

干烤箱的原理和使用方法与温箱基本相同,因其所用温度较高(170～180 ℃),使用时要特别注意以下几点:

(1) 一般不怕高温的物品及干燥的物品可以用此法进行灭菌,如玻璃、陶瓷器皿,非挥发性油类(如液体石蜡、凡士林等)也可用此法进行灭菌。橡胶制品,塑料制品,刀、剪、镊等金属制品不宜用此法灭菌,以避免发生老化、变形、退火等现象。

(2) 使用前必须注意所用电源电压是否与所规定的电压相符,并将电源插座按规定有效接地。

(3) 在通电使用时,切忌用手触及箱左侧空间的电器部分或用湿布擦拭及用水冲洗,检修时应切断电源。

(4) 箱内放置物品切勿过挤,必须留出空气自然对流的空间,使潮湿空气能从风顶上加速逸出,以保证灭菌效果。

(5) 干燥箱无防爆装置,切勿放入易燃物品。

(6) 每次使用完毕后,须将电源全部切断,等温度降低至 80 ℃ 以下时方可开门取物。当箱内温度较高时,严禁打开箱门,否则极易引起火灾及烫伤。

【思考题】

(1) 为什么使用油镜时要等载玻片干后才能滴加香柏油?

(2) 油镜的标志是什么? 使用时有哪些注意事项?

(3) 如果视野太亮或太暗,可以通过哪些方法来解决?

(4) 微生物学实验室常用的仪器有哪些?

(5) 熟悉温箱、冰箱、离心机、高压灭菌器、电热干烤箱的使用方法及注意事项。

(张涛)

实验三　微生物学实验中常用物品的准备

　　微生物学实验中,常用物品的洗涤与灭菌不仅是一个实验前的准备工作,在保证实验结果的正确性中也是非常重要的环节。物品的洗涤与灭菌是否符合要求,对分析结果的准确度和精确度均有影响。因此,实验室工作中一定要规范常用物品的清洗与灭菌方法,将常用物品清洗干净,做好实验前的准备工作。

【实验目的】

　　(1) 掌握微生物学实验中常用物品的洗涤方法。
　　(2) 掌握高压蒸汽灭菌法等常用的消毒灭菌方法。

【实验材料】

　　(1) 玻璃仪器:烧杯、烧瓶、三角瓶、玻璃瓶、玻璃试管、培养皿等。
　　(2) 试剂:洗洁精、自配洗液、75%酒精、高锰酸钾、重铬酸钾、浓硫酸等。
　　(3) 毛刷:试管刷、瓶刷等。
　　(4) 仪器:高压蒸汽灭菌器、干烤箱、超声波清洗机。
　　(5) 其他:橡皮塞、手术刀、剪子、镊子等。

【实验内容】

一、洗涤

(一)玻璃器材的清洗

1. 常规清洗

　　微生物学实验室所使用的玻璃器材主要包括培养皿、锥形瓶(制作微生物培养基用)、试管(微生物保存用)、吸管、移液器(吸取菌液或其他液体用)、载玻片、盖玻片(制片用)等。一般玻璃器皿清洗的程序包括浸泡、刷洗、浸酸和冲洗四个步骤。

　　(1) 浸泡

　　初次使用和培养用后的玻璃器皿都需先高压灭菌后用清水浸泡,以使附着物软化或溶解。

新的玻璃器皿使用前应先用自来水简单刷洗,然后用 5% 稀盐酸溶液浸泡过夜,以中和其中的碱性物质。

用过的玻璃器皿往往粘有大量蛋白质,干燥后不易刷洗掉,故用后应立即处理。遵循以下原则:经固体培养基培养后带菌的培养皿、试管等应先浸在 2% 煤酚皂溶液或 0.25% 新洁尔灭消毒液内 24 h 或煮沸 0.5 h,再洗涤;带病原菌培养物的器皿,应先进行高压灭菌,然后倒去培养物,再进行洗涤;如果琼脂培养基已经干燥,可将培养皿放在水中蒸煮,待琼脂熔化后趁热倒出。

(2) 刷洗

浸泡后的试管、培养皿、烧瓶、锥形瓶、烧杯等,用试管刷或瓶刷从外到里用清水刷洗掉可溶性物质、部分不溶性物质和灰尘;若污垢刷不掉时,可用去污粉擦拭;若器皿上有油污等有机物,则必须先除去油污,可在 5% 苏打溶液内煮 2 次,再用热的肥皂水洗刷,注意不留死角,然后用自来水冲洗干净后晾干以备浸酸。为了检查洗涤效果,可将器皿外壁擦干,若内壁的水均匀分布成一薄层而不现水珠,表示油垢完全洗净,若还挂有水珠,则需用洗涤液浸泡数小时,然后再用自来水冲洗。经过这样洗涤的玻璃器皿,可以装一般实验的培养基和无菌水等。若需精确配制化学药品,或做科研用的精确实验(如细胞培养等),则用自来水冲洗干净后,需再用蒸馏水淋洗 3 次,烘干备用。

吸取过一般液体的玻璃吸管(包括毛细吸管),使用后应立即投入盛有自来水的量筒或标本瓶内,勿使管内干燥以减少洗涤麻烦。吸过含有微生物培养物的吸管,应先浸入 5% 的石炭酸溶液内,经 5 min 以上灭菌后,再浸入清水中;吸管的内壁如果有油垢,应先浸入 10% 氢氧化钠溶液内,经 1 h 以上再行清洗。如仍有油污,则需浸入洗涤液内,经 1 h 后再洗涤。无菌操作所用的吸管顶部塞有棉花,洗涤前先将吸管尖端与装在水龙头上的橡皮管连接,用水将棉花冲出。洗涤后的吸管可以倒立于垫有干净纱布的容器内,将水控干。若要加速干燥,可放烘箱内烘干。

新载玻片和盖玻片,需先在 2% 的盐酸溶液中浸泡 1 h 后用自来水冲洗,再用蒸馏水洗 2 次。用过的载玻片与盖玻片如滴有香柏油,要先用皱纹纸擦去,或浸在二甲苯内摇晃几次使油垢溶解,再在 5% 的肥皂水(或 1% 苏打液)中煮沸 10 min 后立即用自来水冲洗。然后在稀洗涤液中浸泡 2 h,用自来水冲去洗涤液,最后用蒸馏水换洗数次;如果用洗衣粉液洗,也要先用纸擦去油垢,再将玻片浸入洗衣粉液中,其余方法同上,但煮沸后要保持 30 min。洗涤干净的载玻片可以晾干或烘干,然后用干净的纱布包好放在干净的容器内备用;也可在干燥后直接浸于 95% 酒精中保存备用,使用时在火焰上烧去酒精,用此法洗涤和保存的载玻片清洁透亮,没有水珠。洗净的盖玻片只能干燥后备用,不能浸于酒精中(盖玻片很薄,如带酒精点燃,会被烧破)。检查过活菌的载玻片或盖玻片应先在 2% 煤酚皂溶液或 0.25% 新洁尔灭溶液中浸泡 24 h,然后按上述方法洗涤与保存。

（3）浸酸

刷洗不掉的微量杂质经过清洁液的强氧化作用后,可被清除。清洁液是由重铬酸钾、浓硫酸和蒸馏水按一定比例配制而成的,对玻璃器皿无腐蚀作用,去污能力很强。浸酸是清洗过程中的关键环节。配好后的洗涤液是棕红色或橘红色的,应贮存于有盖容器内。浸泡时,器皿内要充满清洁液,勿留气泡;浸泡时间不应少于 6 h,一般浸泡过夜;盛洗涤液的容器应始终加盖,以防氧化变质;洗涤液可反复使用,但当其变为墨绿色时即已失效,不能再用。

使用时应注意:清洁液中的硫酸具有强腐蚀作用,玻璃器皿浸泡时间太长,会使玻璃变质,应及时将器皿取出冲洗;玻璃器皿投入前,应尽量干燥,避免清洁液稀释;此液的使用仅限于玻璃和瓷质器皿,绝不能用于金属器械和橡胶用品,对塑料器皿应先明确该塑料制品是否适用。

（4）冲洗

刷洗和浸酸后都必须用流水充分冲洗,使之不留任何残迹。冲洗时器皿用水灌满,倒掉,重复 10 次以上,最后用纯化水润洗内壁 2～3 次。洗净的玻璃仪器内壁应能被水均匀地润湿而无水的条纹,且不挂水珠。

2．结晶和沉淀物的洗涤

如氢氧化钠或氢氧化钾因吸收空气中的二氧化碳而形成碳酸盐以及存在氢氧化铜或氢氧化铁沉淀时,可用水浸泡数日,然后用稀盐酸洗涤,溶解沉淀物后用水冲洗。如果是有机物蒸发后残留的沉淀,则可用煮沸的有机溶剂或氢氧化钠溶液进行洗涤清除。

3．超声清洗

对于小容量的玻璃容器（非量具）,无法用刷子刷洗,也不太容易灌入液体清洗,可采用超声清洗。超声清洗前应先用水洗去可溶性物质、部分不溶性物质和灰尘,再注入一定浓度的洗洁精溶液,超声清洗 10～30 min,用水洗去洗涤液,然后用纯化水超声清洗 2～3 次。对于其内有难溶于水的物质或油污的玻璃容器,应先用合适的有机溶剂冲洗第一遍,再如上进行超声清洗。

（二）橡胶制品的清洗

使用后的橡胶制品先置入水中浸泡,以便集中处理和避免附着物干涸,然后用 2% NaOH 溶液煮沸 10～20 min,以除掉蛋白质;自来水冲洗后,用1%稀盐酸浸泡 30 min;最后用自来水和蒸馏水各冲洗 2～3 次,晾干备用。新购置的橡胶制品带有大量滑石粉,应先用自来水冲洗干净后再作常规清洗处理。

（三）金属器具的清洗

实验中所用金属器具主要是一些手术刀、剪子、镊子等,这些器具使用后应立即用酒精擦洗干净,晾干后备用。

（四）塑料制品的清洗

塑料制品的特点是质地软、不耐热。目前常用的塑料制品多采用无毒并已经特殊处理的包装,打开包装即可用,多为一次性物品。必要时,用后经过清洗和无菌处理,也可反复使用 2~3 次,但不宜过多。清洗程序为:使用后应即刻浸入水中严防附着物干涸,用 2% NaOH 浸泡过夜,用自来水充分冲洗,再用 5% 盐酸溶液浸泡 30 min,最后用自来水和蒸馏水冲洗干净,晾干备用。不宜用毛刷刷洗,以防划痕出现,如残留有附着物可用脱脂棉轻轻擦拭。

二、包装

为了防止器具消毒灭菌后再次遭受污染,在消毒处理前要经过严格包装。清洗后的器具先放入干燥箱中烘干(塑料和橡胶制品不能放入干燥箱),或置于通风无尘处自然晾干,然后包装起来,再作消毒处理。常用的包装材料有牛皮纸、报纸、棉线、纱布、铝饭盒、特制玻璃或金属制的消毒筒,根据物品的不同可选择局部包装或全包装。

局部包装适用于三角烧瓶、试管、烧杯等。用棉塞或胶塞将口塞好,外用包装纸与细线包扎。全包装适用于较小的器皿,如培养皿、吸管等。培养皿常用旧报纸或牛皮纸包紧,一般以 5~8 套培养皿做一包,少于 5 套工作量太大,多于 8 套不易操作。如将培养皿放入金属筒内进行干热灭菌,则不必用纸包,金属筒为一圆筒形的带盖外筒,里面放一装培养皿的带底框架,此框架可自圆筒内提出,以便装取培养皿。吸管在包装前要在距其粗头顶端约 0.5 cm 处塞一小段约 1.5 cm 长的棉花,以免使用时将杂菌吹入其中,或不慎将微生物吸出管外。脱脂棉松紧要适中,过紧则吹吸液体太费力;过松则吹气时棉花会下滑。然后将吸管单独用纸包装后消毒。也可不用报纸包而直接装入消毒筒,要求将吸管尖端插入筒底,粗端在筒口,使用时,金属筒卧放在桌上,用手持粗端拔出。

三、灭菌

压力蒸汽灭菌可杀灭包括芽孢在内的所有微生物,是灭菌效果最好、应用最广的灭菌方法。其方法是先将消毒锅洗净,放入适量的水(水面必须盖过电热管,以防电热管干裂)。然后将需灭菌的物品放在高压锅内,加热并使蒸汽不外溢,高压锅内温度随着蒸汽压的增加而升高。在 103.4 kPa(1.05 kg/cm²)蒸汽压下,温度达到 121.3 ℃,维持 15~20 min。消毒过程中,消毒者不能离开岗位,要经常检查压力是否恒定,如有偏离应及时调整。

四、干燥保存

实验经常要用到的仪器应在每次实验完毕后洗净干燥备用。不同实验对干燥有不同的要求,一般定量分析用的烧杯、锥形瓶等仪器清洗干净后即可使用;而用于无水分析的仪器很多是要求干燥的。不急用的仪器或使用时对水分没有要求的仪器,可在蒸馏水冲洗后在无尘处倒置控去水分,自然晾干即可。一般的玻璃仪器洗净后控去水分,放在烘箱内烘干,烘箱温度为105～110 ℃,烘1 h左右。

【注意事项】

(1) 用过的玻璃器皿必须立即洗涤;含有对人、畜、植物有致病性的微生物的试管、培养皿或其他容器,应先浸入5%石炭酸溶液中5 min以上,或经蒸煮灭菌后再进行洗涤;装过有毒物品的器皿必须与其他器皿分开,经妥善处理后单独洗涤,以防扩散和发生意外;不能使用对玻璃有腐蚀作用的化学试剂,也不能使用比玻璃硬度大的物品来擦拭玻璃器皿。

(2) 浸酸时,要注意酸液不要溅到身上,以防"烧"破衣服和损伤皮肤。第一次用少量水冲洗刚浸酸过的仪器时,废水应倒在废液缸中。如果无废液缸,倒入水池时,要边倒边用大量的水冲洗,以防废液腐蚀水池和下水道。浸酸之后一定要用自来水冲洗10次以上。

(3) 高压蒸汽灭菌时,消毒物品不能装得太满,要保证消毒器内气体的流通。消毒瓶装液体时,橡皮塞与瓶口之间要加一根通气线,防止瓶内气体受压,使瓶塞蹦出。在加热升压之前,先要打开排气阀门,排出残留在锅内的冷空气,因此,导气管一定要插到锅底且不能堵塞。关闭排气阀门,继而开始升压,当达到所需的压力时,通过调节火力大小,使压力稳定在所需数值后开始计算时间。灭菌后不要立即打开气阀放气,以免水汽喷出,要让其自然降温、降压至规定要求时,才能打开气阀。

(4) 高压灭菌后器皿务必晾干或烘干,以防包装纸潮湿发霉。

【思考题】

(1) 简要叙述玻璃器皿清洗的程序。

(2) 除了高压蒸汽灭菌法外,还有哪些消毒灭菌处理方法?

【知识拓展】

(1) 牛血清、大部分培养基、胰酶和一些生物制剂(如秋水仙素、谷氨酰胺、异硫氰酸胍等)是有机物溶液,均不能施以高压,以防有效成分被破坏。

(2) 滤过除菌时,滤器在使用前应先装好滤膜,包好,再经高压灭菌后才能使用。滤过酶类制剂时应待滤器温度降至室温时再进行。过滤时压力不宜过大,压力数字以 2 为宜。压力太大时微孔滤膜可能破裂,或使某些微生物变形而通过滤膜。装滤膜时位置要准确。另外滤器包装时,螺钉不要拧得太紧,以防高压蒸汽不能进入,待高压灭菌之后,再拧紧使用。

(3) 使用化学消毒法时,配制 75%酒精应用卫生级酒精,不要用化学纯、分析纯和优质纯酒精。来苏儿水不能用于皮肤消毒,它对皮肤有刺激性。空气消毒时,所有的物品要事先准备齐全并使消毒者有较方便的退出途径,因为甲醛或乳酸加热后放出的蒸气对人的角膜和呼吸道上皮有严重的刺激和伤害作用。

【附 录】

清洁液的配制

清洁液一般可配制三种强度,配方如表 3.1 所示。

表 3.1　三种强度清洁液的配方

	试剂	含量
	重铬酸钾	63 g
强液	浓硫酸	1 000 mL
	蒸馏水	200 mL
	重铬酸钾	120 g
次强液	浓硫酸	200 mL
	蒸馏水	1 000 mL
	重铬酸钾	100 g
弱液	浓硫酸	100 mL
	蒸馏水	1 000 mL

配制清洁液时,应注意安全,须穿戴耐酸手套和围裙,注意保护好面部和身体裸露部分。配制过程中,可使重铬酸钾溶于水中(不能完全溶解时,可加热处理)。待重铬酸钾溶液冷却后,慢慢加入浓硫酸(工业用酸即可)并用玻棒小心搅动。注意:只能将浓硫酸缓慢加入水溶液中,若注入过急则产热量大,易发生危险,切忌反向操作,以免浓硫酸溅出伤人。配制容器应用陶瓷或耐酸塑料制品。配成后的清洁液呈棕红色,经长时间使用后,因有机溶剂和水分增多渐变成绿色,表明已失效,应重新配制。旧清洁液仍有腐蚀作用,严禁乱倒,宜深埋土中。

(张涛)

实验四　细菌的形态结构

细菌的形体微小而呈半透明状,肉眼不能直接看到,需借助显微镜放大并染色才能观察清楚。通过染色,使得菌体和背景形成鲜明的对比,从而可以更清楚地观察到细菌的形态及某些细胞结构。细菌不同的染色反应,也作为鉴别细菌的一种依据。因此,细菌的形态结构的观察是微生物实验中十分重要的基本技术。

任务一　细菌涂片标本的制备

【实验目的】

掌握细菌涂片标本的制备方法。

【实验材料】

(1) 标本:葡萄球菌和大肠杆菌固体斜面培养基。
(2) 其他:生理盐水、载玻片、酒精灯、接种环等。

【实验内容】

细菌涂片标本的制备是细菌染色观察的初始阶段,一般可分为载玻片处理、细菌涂片、涂片干燥、涂片固定和涂片染色等五个步骤。

一、载玻片处理

细菌涂片所用载玻片要求透明、清洁而无油渍,附着性好,滴上水后,能均匀展开。若载玻片有油渍残余,可按以下方法处理:

(1) 滴2～3滴95%酒精,用清洁纱布擦净,然后缓缓通过酒精灯外焰3～4次。

(2) 若上法仍未能除去油渍,可再滴上1～2滴冰醋酸,用清洁纱布擦净,再在酒精灯火焰上缓缓通过。

载玻片处理好后,可用玻璃铅笔在预涂片处背面画一个直径约为 1.5 cm 的圆圈,以做标记。

二、细菌涂片

依据涂片所用标本材料不同,涂片方法也有差异,具体标本材料分为以下几种:

(1) 固体标本:如细菌菌落、脓汁、粪便等,涂片时,先用接种环取 1～2 环生理盐水(或蒸馏水),置于载玻片中央。然后将接种环在酒精灯火焰上烧灼灭菌,待冷却后,挑取少量标本,于载玻片上的生理盐水中混匀,并沿一个方向涂成直径约为 1 cm 的薄厚均匀的圆形薄膜。

(2) 液体标本:接种环烧灼灭菌后取标本(液体培养物、血清、乳汁、组织渗出液等)1～2 环,在载玻片中央沿一个方向涂成直径约为 1 cm 的圆形薄膜(注意因为是液体标本,无需事先挑取生理盐水)。

(3) 血液标本:取 1 滴抗凝血,置于距载玻片一端 1 cm 处(或整片玻片的 3/4 端),左手持载玻片,右手持推片接近血滴,使血液沿推片边缘展开成适当的宽度,并保持推片与载玻片呈 30°～45°角,轻压推片边缘平稳地向前移动推制成厚薄适宜的血涂片。

(4) 组织脏器标本:左手用镊子夹持组织中部,右手以灭菌剪刀剪下一小块,夹取后以其新鲜切面在载玻片上压印或涂成一薄层。

(5) 固体斜面标本:如固体斜面培养基,涂片方法按下面步骤操作(图 4.1)。

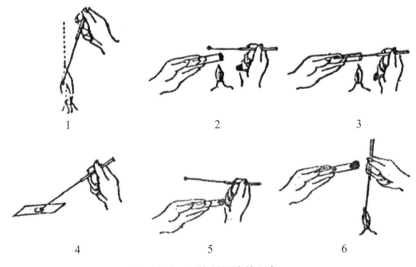

1　　　　　　　　2　　　　　　　　3

4　　　　　　　　5　　　　　　　　6

图 4.1　固体斜面涂片制备

① 右手拇指、食指、中指三指以执笔式持接种环,于酒精灯外焰上烧灼至发红

为止,移至火焰旁待冷却。

②左手持固体斜面培养试管,将试管口在酒精灯火焰上旋转烧灼灭菌,用右手小指夹取试管上的棉塞,旋转后轻轻拔出,并持于小指与小鱼际之间,注意不得将棉塞置于台面或触及任何物品,以免污染环境。

③在酒精灯火焰附近,用冷却后的接种环插入含有标本的管内,挑取管内培养基斜面上培养物的少许菌苔。挑取标本后,将接种环从试管内退出,但接种环不可与试管壁接触,以免环上挑取的标本被碰落。退出试管的接种环置于载玻片中央生理盐水中混匀,并沿一个方向涂成直径约为1 cm、薄厚均匀的圆形薄膜。细菌涂片后,立即将标本管的管口在火焰上旋转灭菌后塞上棉塞。接种环使用后要经烧灼灭菌插入试管架上。

三、涂片干燥

制备好的涂片可放在室温下自然干燥。若室温较低,可将涂片标本面向上,在远离酒精灯火焰的上方烘干(离酒精灯火焰约为3 cm),注意切勿靠近火焰,以免破坏细胞形态。

四、涂片固定

1. 固定的方法

(1)火焰固定:涂片完全干燥后,手持涂片一端,细菌面朝上,匀速来回通过酒精灯火焰两到三次,将涂片的与火焰的接触面轻触手掌虎口位置,以不烫手为宜,即说明固定恰当。

(2)化学固定:血液、组织脏器等涂片染色时,不宜用火焰固定而采用甲醇固定。可在涂片上滴加甲醇数滴作用2～3 min后,待其自然挥发干燥;或者将已干燥的涂片浸入甲醇中,2～3 min后取出晾干。此外,丙酮和酒精也可用作化学固定剂。瑞氏染色的涂片无需固定,因染色液中含有甲醇,有固定作用。

2. 固定的目的

(1)除去涂片上的水分,使菌体更好地附着在载玻片上,以免在染色过程中被水冲掉。

(2)使细菌蛋白质变性,增加细菌对染料的通透性,使涂片更容易着色。

(3)杀死涂片中的部分微生物。

【注意事项】

在涂片固定过程中,并不能杀死全部微生物,在染色的水洗过程中也可能将部分细菌冲掉。因此,在制备致病性强的病原菌(特别是带芽孢的病原菌)涂片和染色时,应严格处理涂片和染色用过的残液,以免引起病原菌对环境的污染。

任务二　细菌基本形态的观察

【实验目的】

(1) 掌握细菌的基本形态。

(2) 熟悉细菌简单染色及革兰染色方法、结果观察及意义。

【实验材料】

(1) 菌种:葡萄球菌、大肠杆菌培养物。

(2) 试剂:结晶紫染液、卢戈碘液、95%乙醇、稀释复红。

(3) 其他:接种环、生理盐水、载玻片、显微镜、香柏油、蜡笔、擦镜纸等。

【实验内容】

一、细菌涂片的制备

挑取葡萄球菌、大肠杆菌培养物按常规方法进行制备细菌涂片。

二、细菌简单染色

1. 原理

简单染色法是一种用单一染料对细菌进行染色的方法。此法操作简便,适用于菌体一般形状和细菌排列的观察。

细菌简单染色常用碱性染料,这是因为碱性染料在电离时,其分子的染色部分带正电荷(酸性染料电离时,其分子的染色部分带负电荷),而在细菌悬液中,细菌细胞通常带负电荷,因此碱性染料的染色部分易与细菌结合使细菌着色。经染色后的细菌细胞与背景形成鲜明的对比,在光学显微镜下更易于识别。用作简单染色的染料常有美蓝、结晶紫、碱性复红等。当细菌分解糖类产酸使培养基 pH 下降时,细菌所带正电荷增加,此时可用伊红、酸性复红或刚果红等酸性染料染色。

2. 方法

(1) 染色:将载玻片涂片面向上,置于染色架上,滴加染液数滴(以染液刚好覆盖菌膜为宜)。石炭酸复红(或结晶紫)染色 1 min,碱性美蓝染色 1～2 min。

（2）水洗：用细水流冲去涂片上的染液，直至涂片上流下的水无色为止。水洗时，不要直接冲洗菌膜，而应倾斜载玻片，使水从载玻片的一端流下。水流亦不宜过急，以免菌膜脱落。

（3）干燥：自然干燥，或用吸水纸吸干。

（4）镜检：染色片完全干燥后用油镜观察。

三、革兰染色

1. 原理

革兰染色法是 1884 年由丹麦病理学家 Christian Gram 创立的，而后一些学者在此基础上作了某些改进。革兰染色法是细菌学中最重要的鉴别染色法，可用于细菌的分类和鉴别。根据染色结果的不同，可将细菌分为革兰阳性（G^+）和革兰阴性（G^-）两种类型。目前，其染色原理有三种学说：

① 细胞壁结构学说：革兰阳性菌细胞壁结构较致密，肽聚糖含量高，脂质含量少，用乙醇脱色时细胞壁脱水，使肽聚糖层的网状结构孔径缩小，透性降低，从而使结晶紫–碘的复合物不易被洗脱而保留在细胞内；革兰阴性菌细胞壁结构疏松，肽聚糖含量少，含大量脂质，当脱色处理时，脂质被乙醇溶解，细胞壁透性增大，使结晶紫-碘的复合物比较容易被洗脱出来。

② 化学学说：革兰阳性菌细胞质中含有大量核糖核酸镁盐，可与碘、结晶紫结合形成大分子复合物，使已经着色的细菌不被乙醇脱色；革兰阴性菌菌体含核糖核酸镁盐很少，故易被乙醇脱色。

③ 等电点学说：革兰阳性菌等电点（pI）为 2～3，而革兰阴性菌等电点（pI）为 4～5，在相同 pH 条件下，革兰阳性菌所带负电荷比革兰阴性菌多，故与带正电荷的结晶紫染料结合牢固，不易被乙醇脱色。

2. 方法

（1）初染：滴加结晶紫染液 2～3 滴（以染液覆盖菌膜为宜），染液作用 1 min 后用细水流冲去染料，甩净残留水分。

（2）媒染：滴加卢戈氏碘液 2～3 滴，作用 1 min 后细水流冲洗，甩净残留水分。

（3）脱色：滴加 95% 乙醇 2～3 滴，轻轻晃动玻片，至紫色不再脱去为止（根据涂片厚度需时一般为 30 s 至 1 min），细水流冲洗，甩净残留水分。

（4）复染：滴加稀释复红 2～3 滴，染色 1 min 后细水流冲洗，甩净残留水分。

（5）镜检：用吸水纸吸干水分后，用油镜观察。

3. 结果

革兰阳性菌染成蓝紫色，革兰阴性菌染成淡红色。葡萄球菌镜下为革兰阳性、球形、葡萄串状排列；大肠杆菌镜下为革兰阴性、短杆状、分散排列（图 4.2、图 4.3）。

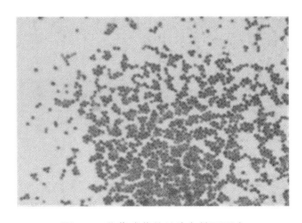

图 4.2　葡萄球菌革兰染色镜下形态

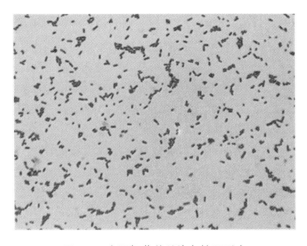

图 4.3　大肠杆菌革兰染色镜下形态

【注意事项】

（1）涂片厚度应均匀，如太厚或太薄，菌体分散不均都会影响乙醇脱色，造成染色结果不准确。

（2）革兰染色结果是否正确，乙醇脱色是革兰染色操作的关键环节。脱色不足，阴性菌被误染成阳性菌；脱色过度，阳性菌被误染成阴性菌。

（3）染色过程中勿使染色液干涸。用水冲洗后，应尽量甩去玻片上的残水，以免染色液被稀释而影响染色效果。

（4）宜选用对数生长期的细菌。G^+菌培养 16～18 h，大肠杆菌培养 24 h。若菌龄太老，由于菌体死亡或自溶而常使革兰阳性菌转呈阴性反应。

任务三　细菌特殊结构的观察

【实验目的】

掌握细菌特殊结构鞭毛、荚膜、芽孢的染色方法。

【实验材料】

(1) 菌种:变形杆菌、破伤风梭菌、肺炎链球菌。

(2) 试剂:鞭毛染色液、荚膜染色液、芽孢染色液。

(3) 其他:接种环、生理盐水、蒸馏水、载玻片、显微镜等。

【实验内容】

一、鞭毛(鞭毛染色法)

1. 原理

鞭毛是细菌的运动"器官",细菌的鞭毛一般都非常纤细,其直径为 0.01～0.02 μm,因普通光学显微镜的分辨力有限度,故需用特殊的鞭毛染色法,才能观察到。鞭毛染色是借助低渗透原理及媒染剂和染色剂的沉淀作用,使染料堆积在鞭毛上,以加粗鞭毛的直径,同时使鞭毛着色,在普通光学显微镜下能够看到。

2. 方法

(1) 活化菌种:将变形杆菌在 1.4% 的软琼脂上传 2 代,形成迁徙生长现象。

(2) 制片:在干净载玻片的一端滴加蒸馏水 1 滴,用接种环从上述迁徙生长边缘挑取少许菌苔,在蒸馏水中轻点几下,使细菌自由扩散(注意:不要研磨,以免鞭毛脱落)。将载玻片稍倾斜,使菌液随水滴缓缓流到另一端,然后平放,将载玻片置于 37 ℃温箱内让其自然干燥。

(3) 染色:在标本片上加数滴鞭毛染色液,染色 1 min,水洗,自然干燥后镜检(注意:不能用吸水纸吸干)。

3. 结果

变形杆菌菌体周围有细长弯曲的数根丝状物即为鞭毛,菌体和鞭毛均染成红色,菌体着色较鞭毛深。染色时间长则鞭毛粗,否则鞭毛较细(图 4.4)。

细菌鞭毛染色要求非常小心细致,染色成功的关键主要决定于:

(1) 菌种活化的情况,即要连续移种几次。

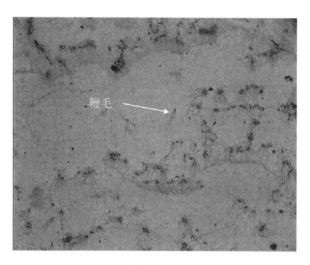

鞭毛

图 4.4 变形杆菌鞭毛染色镜下形态

(2) 菌龄要合适,一般在幼龄时鞭毛情况最好,易于染色。

(3) 新鲜的染色液。

(4) 载玻片要求干净无油污。

二、荚膜(荚膜染色法)

1. 方法

(1) 制片:提前数日于小白鼠腹腔注射肺炎链球菌菌液 0.2 mL,小鼠死亡后解剖,取腹腔液印片。印片在空气中自然干燥,荚膜很薄,易变形,无需加热固定。

(2) 染色:滴加结晶紫染液数滴,在火焰上微微加热,使染液冒出蒸汽为止,再用 200 g/L 硫酸铜水溶液冲洗,切勿用水冲洗。待自然干燥后用油镜检查。

2. 结果

肺炎链球菌呈矛头状,双排列,菌体被染成紫色,在菌体外围有一层较厚的淡紫色区域,即为荚膜(图 4.5)。

三、芽孢(芽孢染色法)

1. 原理

芽孢染色法是利用细菌的芽孢和菌体对染料的亲和力不同的原理,用不同染料进行着色,使芽孢和菌体呈不同的颜色而便于区别。芽孢壁厚、透性低,着色、脱色均较困难。因此,可先用一种弱碱性染料(如石炭酸复红),在加热条件下进行染色。此染料不仅可以进入菌体,而且也可以进入芽孢,进入菌体的染料可经乙醇脱色,而进入芽孢的染料则难以透出,若再用复染液(如碱性美蓝)处理,则菌体和芽

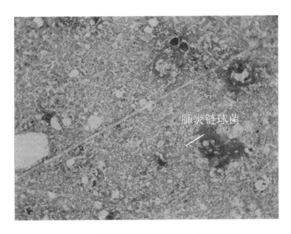

图 4.5　肺炎链球菌荚膜染色镜下形态

孢易于区分。

2. 方法

（1）制片：将破伤风梭菌培养物涂片，自然干燥后用火焰固定。

（2）染色：滴加石炭酸复红染液数滴于涂片上，并在火焰上微微加热，使染液冒出蒸汽，持续 5 min（注意加热过程中勿让标本干涸），冷却后用细水流轻轻冲洗；用 95% 乙醇脱色 2 min，用细水流轻轻冲洗；再加碱性美蓝染液数滴复染 0.5 min，细水流轻轻冲洗，吸干后镜检。

3. 结果

破伤风梭菌经芽孢染色后，可见菌体染成蓝色，菌体顶端有一呈红色、比菌体宽的圆形芽孢，芽孢与菌体相连似鼓槌状（图 4.6）。

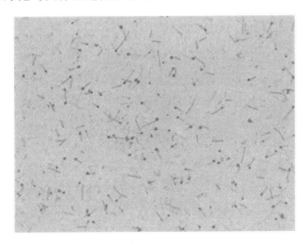

图 4.6　破伤风梭菌芽孢染色镜下形态

任务四　细菌动力观察

鞭毛是细菌的运动"器官",在显微镜下观察细菌的运动性,可以初步判断细菌是否有鞭毛。通常使用压滴法或悬滴法观察细菌的运动性。观察时,要适当减弱光线,增加反差,如果光线很强,细菌和周围的液体就难以辨别。

一、压滴法

(1) 接种环烧灼灭菌后,从培养基上挑取数环细菌放在装有 1～2 mL 无菌蒸馏水的试管中混匀,制成轻度混浊的细菌悬液。

(2) 取 2～3 环稀释菌液,放在洁净载玻片中央,再加入一环 0.01% 的美蓝水溶液,混匀。

(3) 用小镊子夹取一块洁净的盖玻片,轻轻覆盖在菌液上,放置盖玻片时,应使其一端先接触菌液,然后将整个盖玻片缓慢放下,以免产生气泡。

(4) 将光线适当调暗,先用低倍物镜找到细菌的位置,再换高倍物镜观察细菌的运动。要注意区分细菌鞭毛运动和布朗运动,普通变形杆菌有鞭毛,运动活泼,可向不同方向迅速运动。葡萄球菌无鞭毛,不能作真正的运动,只能在一定范围内左右颤动,这是受水分子撞击而呈分子运动(即布朗运动)。

二、悬滴法

(1) 取一张洁净盖玻片,用牙签在盖玻片的四个角涂少许凡士林。

(2) 用接种环取 3～4 环稀释菌液,放在洁净盖玻片中央。

(3) 将凹玻片的凹窝向下,使凹窝中心对准盖玻片上的菌液,轻轻地盖在盖玻片上,使凹玻片与盖玻片粘在一起(注意液滴不得与凹玻片接触)。

(4) 迅速翻转凹玻片,使菌液正好悬在凹窝的中央。再用接种环柄轻压盖玻片四周,使其与凹玻片粘在一起,以防菌液干燥和气流影响观察结果。

(5) 将光线适当调暗,先用低倍物镜找到悬滴的边缘后,再将菌液移至视野中央,换用高倍物镜观察,注意观察鞭毛运动与布朗运动的不同。

【注意事项】

(1) 调节螺旋时,切忌过度下旋,以免压碎盖玻片。

(2) 因凹玻片较厚,油镜焦距很短,故一般不能用油镜来检查。

【思考题】

(1) 你认为哪些环节会影响革兰染色结果的正确性？其中最关键的环节是什么？

(2) 绘出你所观察到的油镜下细菌的特殊结构。

(3) 细菌的动力检查有何意义？

【附录】

1. 革兰染色液的配制

(1) 结晶紫染液：称取结晶紫 4~8 g，溶于 95% 乙醇 100 mL 中，配成结晶紫乙醇饱和液。取此饱和液 20 mL 与 1% 草酸铵水溶液 80 mL 混匀，过滤后备用。

(2) 卢戈(Lugol)碘液：先将碘化钾 2 g 溶于 10 mL 蒸馏水中，再加入碘 1 g，略加振摇，使之全部溶解后，再加蒸馏水至 300 mL 既可。

(3) 95% 乙醇。

(4) 稀释的石炭酸复红染液：取碱性复红 4 g，溶于 95% 乙醇 100 mL 中配成碱性复红乙醇饱和液。取此饱和液 10 mL 与 50 g/mL 石炭酸水溶液 90 mL 混匀，即为石炭酸复红液。取石炭酸复红液 10 mL 加 90 mL 蒸馏水混匀即可。

2. 鞭毛染色液的配制

(1) 甲液：钾明矾饱和液 2 mL，50 g/L 石炭酸液 5 mL，200 g/L 鞣酸液 2 mL，混匀。

(2) 乙液：碱性复红乙醇饱和液。

使用前，将甲液 9 份、乙液 1 份混合后过夜，次日过滤后使用，3 天内使用效果最佳。此液不能长期保存。

3. 芽孢染色液的配制

(1) 石炭酸复红：取碱性复红 4 g，溶于 95% 乙醇 100 mL 中配成碱性复红乙醇饱和液。取此饱和液 10 mL 与 50 g/mL 石炭酸水溶液 90 mL 混匀即成。

(2) 碱性美蓝液：取美蓝 2 g，溶于 95% 乙醇 100 mL 中配成美蓝乙醇饱和液。取此饱和液 30 mL 与 0.01% KOH 水溶液 100 mL 均匀混合即成。

（徐志本）

实验五　真菌的形态结构

真菌的细胞结构比细菌复杂,按形态分为单细胞和多细胞真菌两类。单细胞真菌主要为酵母和类酵母菌(如隐球菌、念珠菌),呈圆形或椭圆形。多细胞真菌是由孢子和菌丝组成的,菌丝分枝交织成团形成菌丝体,并长有各种孢子,这类真菌一般称为霉菌。

任务一　真菌的形态观察

【实验目的】

(1) 掌握单细胞真菌的形态特点。

(2) 掌握多细胞真菌菌丝、孢子等形态特点。

【实验材料】

(1) 白色念珠菌(革兰染色法)示教片、新型隐球菌(墨汁负染法)示教片。

(2) 有隔菌丝(丝毛癣菌)示教片、无隔菌丝(毛真菌)示教片。

(3) 大分生孢子(石膏样小孢子菌或絮状表皮癣菌)、小分生孢子(须毛癣菌)示教片。

【实验内容】

1. 方法

(1) 乳酸酚棉蓝染色:取洁净载玻片一块,用透明胶粘贴待检标本菌丝或孢子,将其放入一干净的载玻片上,在载玻片上滴加一滴乳酸酚棉蓝染色液,在显微镜下进行镜检观察。

选择此法时要注意:粘贴时不要用力粘太多孢子或菌丝;粘上菌丝或者孢子的透明胶放入载玻片上时,尽量不要移动,要一次放好。

(2) 墨汁负染色:取一滴优质墨汁置载玻片上与被检材料混合,盖上盖玻片于显微镜下观察。

（3）革兰染色：方法同细菌革兰染色。

2. 结果

（1）白色念珠菌（革兰染色法）的形态：沙氏培养基上取白色念珠菌进行革兰氏染色，镜下观察可见革兰阳性的圆形菌体，着色不均匀，是葡萄球菌的5～6倍，并见芽生孢子或可能观察到假菌丝，出芽细胞呈卵圆形（图5.1）。

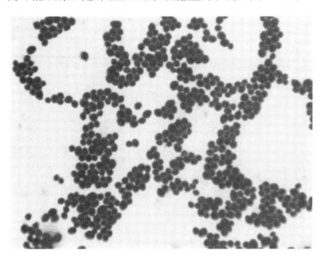

图 5.1　白色念珠菌革兰染色镜下形态

（2）新型隐球菌（墨汁负染法）的形态：沙氏培养基上取新型隐球菌进行墨汁负染，镜下观察可见在黑色背底上可见大小不等的圆形或卵圆形菌体，有时还可见到芽生孢子，细胞外有一层胶质样荚膜，一般厚度与菌体相等，菌体和荚膜不着色，看起来透明发亮（图5.2）。

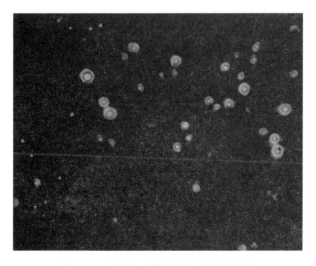

图 5.2　新型隐球菌墨汁负染镜下形态

(3) 有隔菌丝(丝毛癣菌):沙氏培养基上取丝毛癣菌进行棉蓝染色,镜下观察可发现真菌细胞间有明显分隔,多为病原性真菌(图5.3)。

(4) 无隔菌丝(毛真菌):沙氏培养基上取毛真菌进行棉蓝染色,镜下观察未发现真菌细胞间有明显分隔,多为非致病性真菌(图5.4)。

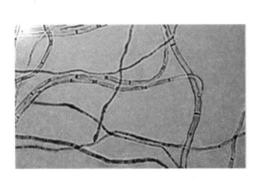 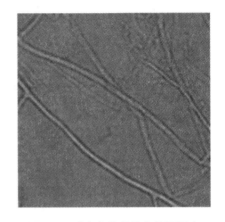

图5.3　丝毛癣菌棉蓝染色镜下形态　　　　图5.4　毛真菌棉蓝染色镜下形态

(5) 大分生孢子(石膏样小孢子菌、犬小孢子菌或絮状表皮癣菌):沙氏培养基上取石膏样小孢子菌或絮状表皮癣菌等进行棉蓝染色,镜下观察见到多细胞孢子,常为梭形或棍形,多数具有数个横隔,每个横隔为一个细胞(图5.5、图5.6)。

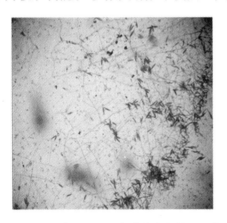 

图5.5　石膏样小孢子菌棉蓝染色镜下形态　　图5.6　絮状表皮癣菌棉蓝染色镜下形态

(6) 小分生孢子(申克孢子丝菌小分生孢子):沙氏培养基上取申克孢子丝菌进行棉蓝染色,镜下观察见到单细胞孢子,常直接或由小侧枝连接而生长于菌丝的侧面,呈葡萄状或圆形,常见于须毛癣菌或孢子丝菌(图5.7)。

(7) 关节孢子(许兰毛癣菌):沙氏培养基上取许兰毛癣菌进行棉蓝染色,由菌丝分裂首先形成长方形孢子,逐渐变为卵圆形,最后变为游离脱落的单个孢子。

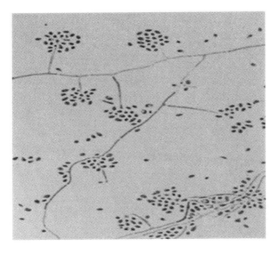

图 5.7　申克孢子丝菌小分生孢子棉蓝染色镜下形态

【注意事项】

白色念珠菌最好在芽管形成实验和厚膜孢子形成实验完成后再观察假菌丝和厚膜孢子。

【思考题】

(1) 真菌的基本结构是什么?

(2) 真菌的菌丝有何特点?

(3) 真菌的孢子有哪几种类型? 大分生孢子和小分生孢子的区别是什么?

【知识拓展】

中科院微生物研究所研究发现,在模拟宿主环境条件下,白色念珠菌 MTL 杂合型菌株与纯合型菌株一样,也能进行白菌-灰菌形态转换。MTL 杂合型菌株的灰菌菌落和细胞形态与纯合型菌株相似,且灰菌与白菌在不同小鼠感染模型下的毒性具有明显差异。进一步研究发现,转录因子 Rfg1、Brg1 和 Efg1 等作为负调控因子,Wor1、Wor2 和 Czf1 等作为正调控因子,协同调控白菌-灰菌形态转换关键基因 Wor1 的表达,从而决定 MTL 杂合型菌株形态的建成。该研究揭示了白色念珠菌白菌-灰菌形态转换的普遍性特征,增进了对该菌宿主微环境适应、致病性和有性生殖的认识,修改了白菌-灰菌形态转换调控理论,并为预防和治疗念珠菌病提供了新的思路,具有重要的临床意义。

【附　录】

乳酸酚棉蓝染色液的配制

(1) 成分:石炭酸 20 mL、乳酸 20 mL、甘油 40 mL、蒸馏水 20 mL、棉蓝 50 mg。

(2) 制法:将上述成分混合,稍加热溶解,然后加入棉蓝 50 mg,混匀,过滤即可。

任务二　真菌的培养与菌落观察

真菌能分泌多种酶使有机物降解成可溶性营养成分,吸收至细胞内进行新陈代谢。大多数真菌对营养的要求不高,在常用的沙氏培养基上生长良好,培养温度为 37 ℃(酵母型和类酵母型)或 25～28 ℃(丝状真菌),多数病原性真菌生长缓慢,培养 1～4 周才出现典型菌落。真菌菌落一般有三种类型:酵母型菌落、类酵母型菌落和丝状型菌落。

【实验目的】

(1) 掌握真菌的培养方法。

(2) 掌握真菌的无菌操作技术。

(3) 了解各种真菌菌落的特点。

【实验材料】

(1) 标本:皮屑、甲屑或断发,新型隐球菌菌落、白色念珠菌菌落、皮肤丝状菌菌落。

(2) 培养基:沙氏培养基。

(3) 试剂:75%酒精。

(4) 其他:接种针、温箱、无菌玻片、盖玻片、钢环(带有缺口)、石蜡等。

【实验内容】

1. 大培养法

(1) 标本(如皮屑、甲屑或断发)用 75%酒精浸泡数分钟,杀死表面杂菌,用灭菌生理盐水洗涤。

(2) 按无菌操作法用接种针将标本接种在含青霉素、链霉素的沙保弱斜面培养基上,每支斜面接种数块毛发或皮屑,每种标本接种 2～3 支。

(3) 试管口塞好塞子,用硫酸纸包好,放置于 25 ℃温箱培养 48～72 h。

2. 小培养法

（1）小块琼脂玻片培养法：① 用无菌操作法将制好的待用琼脂平板用无菌接种针或接种环切成大约 1 cm² 的方块，将其放置于灭菌的载玻片上。② 将标本或待检菌接种于琼脂块四周边缘靠上方部位，然后用无菌镊子取一无菌的盖玻片盖在琼脂上。③ 在无菌平皿内放入少量无菌水和一个无菌 U 形（或 V 形）玻璃棒，将此载玻片置于玻璃棒上，盖上平皿盖，放置于 25 ℃ 温箱培养 48～72 h。

（2）钢环法：① 用无菌镊子取无菌小培养钢环，环的两面分别蘸取熔化的固体石蜡，平置于无菌载玻片上，另取一无菌盖玻片，在酒精灯火焰上加热后覆盖于钢环上，待冷后，小培养钢圈即被固定于载玻片与盖玻片之间。② 用毛细滴管吸取熔化的培养基，从钢环上端孔注入，注入量占容积的 1/2 即可。③ 培养基冷却凝固后，用接种针挑取材料，由上端孔接种于环内培养基上。④ 置湿盒内，在室温或 25 ℃ 下培养 48～72 h。

3. 实验结果

培养 2～3 天后，逐日观察，镜下可连续看到真菌生长过程及菌丝、孢子等特征，一般 7 天左右即可形成典型菌落。3 周不生长者可报告阴性。如长出菌落，应逐日观察菌落形态及颜色变化，并挑取菌丝置载玻片上，镜检观察菌丝及孢子特点。本实验观察真菌的三类菌落：酵母型菌落、类酵母样菌落及丝状菌落。

（1）酵母型菌落：在沙氏培养基上，新型隐球菌的菌落为酵母型菌落。其菌落为圆形，较大，白色，边缘整齐，表面光滑湿润，无菌丝长入培养基内，外观与表皮葡萄球菌的菌落相似，但较细菌性菌落偏大。

（2）类酵母样菌落：白色念珠菌在沙氏培养基上，菌落呈灰白色，可有与酵母型真菌相似的菌落，不同的是它有假菌丝长入培养基内，呈树枝状。

（3）丝状菌落：各种皮肤丝状真菌在沙氏培养基上生长的菌落大部分均有气中菌丝，呈絮毛状、粉末状、棉絮样等，故叫作丝状菌落，此外还有营养菌丝长入培养基内。例如，红色毛菌的菌落表面呈白色棉絮样转为粉末状，背面呈红紫色；石膏样小孢子菌的菌落呈浅黄色或棕黄色毛状及粉末状。

【注意事项】

（1）观察菌落形态时应注意：

① 菌落性质：是酵母菌还是霉菌。

② 菌落大小：一般病原性真菌菌落小，而条件致病性真菌菌落大。

③ 菌落颜色：一般病原性真菌颜色淡，污染真菌颜色深。

④ 致病性真菌菌落下沉，污染性真菌菌落不下沉；致病性真菌有时使培养基开裂，但污染霉菌很少引起培养基开裂。

（2）接种临床新鲜标本可先加 1～2 滴 75% 酒精浸泡晾干后再接种于含 12.5% 氯霉素的沙氏培养基上。

【思考题】

(1) 类酵母菌的假菌丝是怎样形成的？与霉菌的真菌丝有何区别？

(2) 真菌菌落与细菌菌落在培养和形态上有何区别？

(3) 真菌培养与细菌培养有何区别？

【知识拓展】

1. 真菌培养基质控标准

(1) 培养基无菌实验合格。

(2) 培养基营养性实验合格(接种霉菌比在其他培养基上生长良好，其他菌生长不好)。

2. 假丝酵母菌

俗称念珠菌，生物学分类为半知菌亚门、半知菌纲、隐球菌目、假丝酵母菌属。本菌属有 81 种，其中有 11 种对人有致病性，以白假丝酵母菌为最常见的致病菌。此外，热带假丝酵母菌、克柔假丝酵母菌和光滑假丝酵母菌也会引起较多疾病。

白假丝酵母菌通常存在于人的口腔、上呼吸道、肠道和阴道黏膜上，当机体发生正常菌群失调或抵抗力降低时，可引起各种念珠菌病。常可引起女性阴道炎、外阴炎；男性念珠菌龟头炎、包皮炎；体质虚弱者的鹅口疮、假丝酵母菌性肠炎、肺炎、膀胱炎、肾盂肾炎和中枢神经系统白假丝酵母菌病，如脑膜炎、脑膜脑炎、脑脓肿等。此外，因心瓣膜手术而引发念珠菌性心内膜炎，长期用静脉内导管而引起全身性假丝酵母菌病，病死率极高。

【附录】

沙保弱(sabouraud)斜面培养基的配制

(1) 成分：蛋白胨 10 g，葡萄糖(或麦芽糖)40 g，琼脂 20 g，蒸馏水 1 000 mL。

(2) 制法：将上述物质称好，放入水中煮沸溶解，调 pH 至 5.5，分中号试管(约 4 mL)包扎，高压 115 ℃ 20 min，灭菌后趁热摆好斜面，凝固备用。

(徐志本)

实验六　常用培养基的制备

【实验目的】

(1) 熟悉常用培养基的种类及制备的基本过程。

(2) 熟悉培养基的种类、主要成分及用途。

(3) 掌握基础培养基的制备程序、方法和注意事项。

【实验材料】

(1) 营养物及试剂：鲜牛肉或牛肉膏、蛋白胨、氯化钠、琼脂、0.1 mol/L 及 1 mol/L NaOH、0.1 mol/L 及 1 mol/L HCl、0.2 g/L 酚红、无菌脱纤维羊血、蒸馏水。

(2) 器具：天平、三角烧瓶、量筒、无菌平皿、小试管、中试管、吸管、纱布、脱脂棉、pH 比色架、标准比色管或 pH 计、高压蒸汽灭菌锅等。

【实验内容】

培养基是用人工方法将细菌生长所需要的营养物质按一定比例配制而成的营养基质。

按用途分为：基础、营养、选择、鉴别、增菌、特殊培养基等。培养基的成分因种类不同而异，其中基础培养基含有一般细菌生长所需要的基本营养成分，如：蛋白胨、肉浸液（或牛肉膏）、氯化钠和水，这些营养物质能为细菌提供生命所需的碳源、氮源、无机盐、水分，并能调节菌体内外的渗透压，为细菌提供能量。其他培养基大多是在基础培养基中加入某些特殊成分（如：营养物质、抑菌剂、检测基质、指示剂等）配制而成的。

培养基按照物理性状可分为液体、半固体和固体培养基三类，其区别主要是凝固剂的有无和多少。三种培养基的制备方法如下：

一、液体培养基的配制

(1) 将新鲜牛肉去除脂肪及筋膜并切碎，称重后按每公斤牛肉加入 2 L 蒸馏水，置 4℃冰箱浸泡过夜。

（2）次日取出，煮沸 30 min，使肉渣凝固，也可不经冰箱过夜煮沸 1 h。

（3）纱布过滤，滤后的牛肉浸液中加入 1% 蛋白胨、0.5% 氯化钠，加热溶解，补足失水。

（4）冷至 50 ℃左右，调 pH 至 7.2～7.6。

（5）澄清过滤：此时调配好的培养基中常有一些混浊或沉淀，需使用滤纸过滤，并补足失水。

（6）将制备好的培养基分装烧瓶或试管，瓶口或管口加棉塞并用牛皮纸包扎紧。

（7）高压蒸汽灭菌，103.43 kPa 121.3 ℃高压 15～20 min，取出后备用。

（8）质量检验：需做无菌实验及效果实验进行检验培养基的质量。无菌实验是将灭菌后的培养基置 37 ℃孵育 24 h，无任何细菌生长为合格；效果实验是将已知的标准参考菌株接种于制备好的培养基中，检测细菌的生长繁殖状况和生长反应是否与理论结果相符合。

通过上述过程制备的液体培养基为牛肉汤培养基，也可用肉膏汤培养基代替，区别是以商售的牛肉膏（0.3%）代替鲜牛肉制备的牛肉浸液，其他成分及方法与牛肉汤培养基相同，但肉膏汤培养基较牛肉汤培养基营养略差。

二、半固体培养基的配制

（1）在 pH 7.4 左右的牛肉汤或肉膏汤液体培养基中，加入 0.35%～1% 琼脂。琼脂为海藻中提取的一种多糖物质，本身无营养作用及不能被细菌利用，因其加热到 100 ℃后可溶化，冷却至 45 ℃左右又可凝固，故可作为赋形剂。

（2）加热溶化，脱脂棉过滤，补足失水。

（3）高压蒸汽灭菌后冷至 50～60 ℃时按无菌操作法分装至无菌小试管中，保持试管直立，冷凝后即为半固体培养基。

三、固体培养基的配制

1. 普通琼脂培养基的配制

（1）操作方法同半固体培养基，但加入的琼脂量较大，为 2%～3%。

（2）将普通琼脂培养基高压蒸汽灭菌后冷至 50～60 ℃时，按无菌操作法分装至无菌小试管或平皿中。分装至试管中的培养基斜置冷凝后，即为琼脂斜面培养基；分装倾注至平皿中的培养基水平放置冷凝后，即为琼脂平板培养基。

2. 血液及巧克力琼脂培养基的配制

将灭菌后的普通琼脂培养基冷至 70～80 ℃时，以无菌操作加入 10% 无菌脱纤维羊血，并在 80 ℃水浴锅中摇匀，放置 15～20 min，倾注无菌平皿凝固后即为巧克力琼脂平板培养基;若将灭菌后的普通琼脂培养基冷至 50 ℃ 左右无菌加入羊血,轻轻摇匀后倾注入无菌平皿,即为血液琼脂平板培养基。

【注意事项】

(1) 不同的培养基采用高压蒸汽灭菌法灭菌时压力应有所选择。对含糖培养基应以 54 kPa 112 ℃ 15~20 min 为宜,以免破坏糖类营养物质;对不耐高热的明胶、牛乳或糖类等物质配制的培养基常用流通蒸汽灭菌法,每天以 80~100 ℃ 30 min 加热一次,连续 3 天;对富含蛋白质(如血清或鸡蛋清)的培养基常用血清凝固器灭菌,方法为将配好的培养基放入血清凝固器内间断三次灭菌,每天一次,温度分别为 75 ℃、80 ℃、85 ℃,每次为 30 min,在三次间歇期将培养基置于 35 ℃ 温箱中过夜。

(2) 培养基倾注平板。倾注培养基最好在无菌室或超净工作台内进行,倾注完成后将平皿盖开启一小缝隙,在紫外灯下照射待凝,以利于蒸汽散发及减少平板内冷凝水生成;如在实验室内台面倾注培养基时,切勿将平皿盖全部开启,以免空气中尘埃或细菌等落入而污染培养基。另外,应注意倾注平板时培养基的温度,一般以 50 ℃ 左右为宜,如温度过高时倾注平板,会产生较多冷凝水及易导致污染;如温度过低,部分琼脂已凝固,倾注后培养基的表面会高低不平。

(3) 培养基配制时,除用玻璃容器外,还可用铝锅或搪瓷锅,但不宜用铁或铜容器,以防铁、铜离子进入培养基中,因培养基中含铁量超过 0.14 mg/L 时可抑制细菌毒素的产生,含铜量超过 0.3 mg/L 时可抑制细菌生长;另外,在培养基中加入染料、胆盐或指示剂等物质时应在校正 pH 后加入。

【思考题】

(1) 什么是培养基?
(2) 培养基按用途和物理性状分哪几种? 其有什么主要区别?
(3) 简述肉膏汤培养基的制备过程。

【附录】

培养基 pH 的测定及矫正

(1) 取与标准比色管相同的空比色管 3 支,于第 1、第 3 管各加入欲测定 pH 的肉汤培养基 5 mL,并于第 1 管中加入 0.2 g/L 的酚红 0.25 mL 作为测定管,混匀;于第 2 管中加入蒸馏水 5 mL;第 4 管为 pH 标准比色管(图 6.1)。

(2) 4 支比色管分别按图 6.1 插入比色架进行比色,对光观察比色管,如两侧色调不同,则在测定管中徐徐加入 0.1 mol/L NaOH 或 0.1 mol/L HCl 溶液校正,直至颜色与标准管相同为止。加碱或酸时要精确缓慢,每加一滴都要充分混匀,比色后再加第二滴(有时仅加半滴),准确记录加入的量。

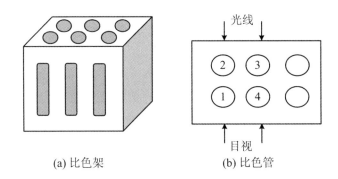

(a) 比色架   (b) 比色管

图6.1　比色架及比色管放置示意图

1. 滴定管;2. 蒸馏水管;3. 培养基管;4. 标准比色管

　　(3) 计算:按照 5 mL 培养基中用去 0.1 mol/L NaOH 或 0.1 mol/L HCl 溶液的量,计算出所配制的总培养基中应加入的酸或碱量,通常换算成高浓度的酸或碱(1 mol/L NaOH 或 1 mol/L HCl)的量,加入所配制的培养基中,使 pH 达到 7.2~7.6。

（徐志本）

实验七　微生物的接种技术

自然状态下,各种微生物都是杂居混生在一起,为从混杂的样品中获得微生物纯种或把污染的菌种重新纯化,均离不开微生物的分离纯化技术。因此,掌握微生物纯种分离技术是每一个微生物学工作者的基本功之一。获得微生物纯种后,为进一步开展后续菌株鉴定及科研等工作,需将纯种进行扩大培养并保存,故也需掌握其他的微生物接种技术。本章将重点介绍三大基础培养基(液体、半固体、固体)的常用细菌接种方法。

【实验目的】

(1) 掌握在基础培养基(液体、固体、半固体、斜面)上的细菌接种方法。

(2) 熟悉细菌接种的基本用具。

(3) 了解各种细菌接种方法的主要目的。

【实验材料】

(1) 菌种:葡萄球菌、大肠杆菌的固体培养物(琼脂平板或斜面)各一份,葡萄球菌和大肠杆菌混合菌液一支。

(2) 培养基:普通液体培养基(牛肉汤或肉膏汤)、半固体培养基、普通固体培养基(琼脂平板及斜面)。

(3) 接种用具:接种环、接种针(其构造见图7.1)、酒精灯等。

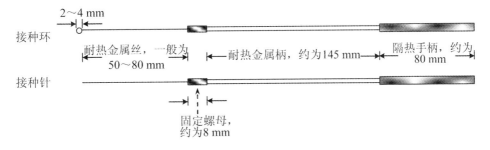

图 7.1　接种环与接种针

【实验内容】

根据待检标本性质、培养目的及所用培养基性质可选用不同接种方法。

1. 平板划线分离接种法

平板划线分离接种技术是将标本中混杂的多种不同细菌在琼脂平皿表面分散成单个细菌,经过培养,细菌生长繁殖后形成单个纯种菌落,从而达到分离获得纯种细菌的目的。该方法包括分区划线分离法及连续划线分离法,具体操作方法如下:

（1）平板分区划线分离技术

① 点燃酒精灯,右手执笔式握持接种环(图 7.2),于酒精灯外焰上烧灼接种环灭菌,冷却后,取葡萄球菌和大肠杆菌的混合菌液一环。

图 7.2　接种环的握持方法

② 左手抓握琼脂培养基平皿,以手掌将平皿底固定,大拇指、食指及中指将平皿盖略抬起一些,置酒精灯前上方 5～6 cm,进行接种(图 7.3)。右手持接种环在琼脂表面的一端(即 1 区,一般占整个平皿的 1/8～1/6)涂布,划线时,接种环与琼脂表面呈 30°～40°的角度轻轻接触,利用腕力动作,切忌划破琼脂表面。

图 7.3　平皿的握持方法

③ 烧灼接种环,待冷后,将接种环通过 1 区划线 1～2 次,在 2 区作连续划线,各线条间隔要小,但不能重叠,划满平皿的 1/5～1/4 区域;划完 2 区不需烧灼接种环,通过 2 区 1～2 次,在 3 区作连续划线,3 区线条间隔要比 2 区稀疏;然后再行 4 区划线,4 区作 S 形划线,直至划完整个平皿(图 7.4(a))。

④ 接种完毕,盖好平皿盖,在平皿底外侧面玻璃上用记号笔注明标本名称、接种时间、接种者等,然后将平皿底朝上放置在 37 ℃孵箱内孵育 18～24 h。

⑤ 取出后观察培养基表面菌落分布情况(图 7.4(b)),注意观察最后 1～2 区内是否分离出单个菌落,并记录菌落特征(如菌落大小、形状、色素、透明度、表面特征等情况)。

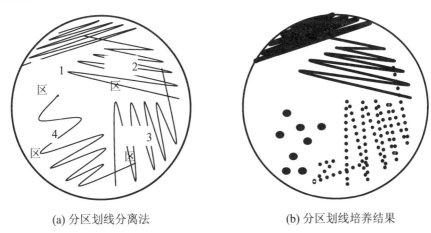

(a) 分区划线分离法　　　　　　　　(b) 分区划线培养结果

图 7.4　分区划线分离技术

(2) 连续划线分离技术

平皿及接种环操作方法同上,右手将已取标本的接种环先在平皿一端涂布,然后在培养基表面作大幅度左右来回、以密而不重叠的曲线形式连续划线,将整个平皿布满曲线;划线完毕将平板标记好放置在 37 ℃孵箱内孵育 18～24 h 后观察结果。

2. 斜面培养基接种技术

主要用于纯种细菌移种,以便进一步鉴定细菌或保存菌种。具体方法如下:

(1) 左手拇指、食指、中指及无名指分别抓住菌种管(葡萄球菌或大肠杆菌)及待接种的斜面培养基试管底端。

(2) 右手持接种环在酒精灯外焰上烧灼灭菌,以右手掌小鱼际肌与小指、无名指与中指分别夹住试管塞头,转动并拔出试管塞,将两试管口通过酒精灯火焰灭菌。

(3) 在酒精灯火焰附近进行接种。将冷却后的灭菌接种环伸入菌种管内,蘸取少量细菌后退出,再伸入琼脂斜面培养基管中,接种环先由斜面底部向上划一直线,然后由底部向上通过直线作蜿蜒划线(图 7.5),划线时注意勿划破琼脂。蘸取细菌的接种环进出试管时,均不应触及试管壁及管口。

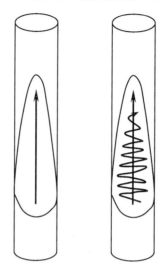

图 7.5　斜面培养基接种法

（4）接种完毕,试管口通过酒精灯火焰灭菌,塞好棉塞,将接种环在酒精灯火焰上烧灼灭菌后放回原处。

（5）在试管外壁标上菌种名称、接种日期,将已接种好的培养管置 37 ℃ 温箱内孵育 18～24 h 后,取出观察斜面上细菌的生长情况。

3. 液体培养基接种法

肉汤、蛋白胨水、各种单糖发酵管等液体培养基均采用此法接种,可观察细菌的不同生长情况、生化特性以助鉴别。具体方法如下：

（1）左手拇指、食指、中指及无名指分别抓住菌种管（葡萄球菌或大肠杆菌）及待接种的液体培养基试管的底端。

（2）右手持灭菌接种环,以右手掌小鱼际肌及小拇指握住并拔出试管塞,将接种环伸进管中,从菌种管中取出细菌后伸入肉汤管中,在接近液面的管壁上轻轻研磨,并蘸取少许肉汤与之混匀,使菌液混入肉汤中（图 7.6）。

图 7.6　液体接种法

（3）接种完毕后，试管口通过酒精灯火焰灭菌，塞好管塞，将接种环灭菌后放回原处。

（4）在试管外壁标上菌种名称及接种日期，置于37℃温箱孵育18～24 h，取出后观察生长情况。根据细菌需氧度的不同可有均匀浑浊、表面生长、沉淀生长等三种生长现象。

4．穿刺接种法

半固体培养基及克氏双糖铁培养基（KIA）的细菌接种均采用此法，用于观察细菌的动力、生化反应或菌种保存。下面以半固体培养基为例介绍接种方法：

（1）左手拇指、食指、中指及无名指分别握持菌种管（葡萄球菌或大肠杆菌）及待接种的半固体培养基试管底端。

（2）右手持接种针灭菌后，蘸取少许菌种，垂直插入半固体培养基的中心，勿触及试管底部，穿刺到离管底0.5～1 cm后，沿原路线退出试管（图7.7）。

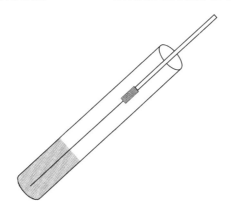

图7.7　半固体接种法

（3）接种完毕后，试管口在酒精灯外焰处烧灼灭菌，塞好棉塞，接种针灭菌后放回原处。

（4）试管外壁标明菌种名称及接种日期，置37℃温箱孵育18～24 h，取出观察生长情况。根据细菌有无鞭毛可表现为扩散生长及沿线生长。

5．涂布接种法

此法是用于测定标本中活菌数及药敏实验的细菌接种技术。

（1）L型玻棒涂布法：通常用于标本中活菌计数。培养好的待检菌液以10^{-1}连续10倍稀释（注意：每作一个稀释度，滴管都要更换，防止跳管，影响最后菌落计数结果），一般稀释至10^{-8}～10^{-9}稀释度，取最后两个稀释度的菌液0.1 mL滴在平板上，以无菌L型玻棒均匀涂布于整个平板表面，盖上平皿盖，于37℃孵育18～24 h后，计数菌落数，再乘以10倍的稀释倍数和稀释度，即得每毫升菌液所含活菌数量。

（2）直接涂布法：通常用于纸片扩散法及管碟法药敏实验。以无菌棉拭子蘸取已校正浓度的细菌悬液,在试管内壁挤去多余液体,在平板上按三个方向密集涂布三次,最后沿平板边缘涂一周。盖上平皿盖,室温晾置 5 min,以使平板表面干燥。无菌镊子夹取药敏纸片贴于平板表面(注意:每取一个药敏纸片,镊子都须在95%酒精里蘸取,火焰烧灼灭菌后再夹取下一药敏纸片),或向竖在培养基表面的牛津小杯内加入不同浓度的药物。置于 37 ℃培养 18~24 h 后,测定实验结果。

【注意事项】

(1) 接种菌种时,一般采用左手拇指、食指、中指及无名指分别抓住试管底端,而非手指与手掌的握持,因后者可能阻挡操作视野,影响接种效果。

(2) 每次接种前后一定要灼烧接种环或接种针进行灭菌,接种前灭菌是为防止环境中细菌污染标本或纯种细菌,接种后灭菌是防止标本或纯种细菌污染环境。灼烧灭菌后的接种环或接种针在挑取细菌之前一定要充分冷却,以防烫死标本中的待接种细菌。

【思考题】

(1) 不同培养基上接种细菌分别采用哪些接种方法?其主要用途是什么?

(2) 分离细菌常采用的方法是什么?有何注意事项?

(3) 接种环在接种前后一定要灼烧的目的是什么?为何接种前一定要冷却?如何判断经灼烧的接种环已冷却?

(吕杰)

实验八　微生物的菌株保藏

优良的微生物菌种是生产实践及科学研究中的重要资源。为能长期保持原有纯菌株的优良生物学特性，防止菌种衰退和死亡，人们发明了许多保藏菌种的方法，建立了系统的管理制度。在微生物的生长繁殖过程中，菌种易发生各种生物学特性改变，因此为防止菌株衰退变异，在保藏菌种时应选用其休眠体如芽孢、分生孢子等，并营造一个低温、干燥、缺氧、避光的营养缺乏环境，使其能长期保持休眠状态；对不产生孢子的微生物，可使其新陈代谢处于最低状态，但又不至于死亡，从而达到长期保藏的目的。保藏的菌种必须为纯培养物，且保藏过程中须严格按照制度进行管理和检查。一般来说，常用的菌种保藏方法有：石蜡油封藏法、斜面或半固体穿刺保藏法、砂土保藏法、冷冻干燥保藏法和液氮超低温保藏法等。本章将介绍常用的一些微生物保种方法。

任务一　常用的简易保藏法

常用的简易菌种保藏法主要包括斜面菌种保藏、半固体穿刺菌种保藏及石蜡油封藏等方法，这也是一般实验室和工厂普遍采用的菌种保藏法。这一类保藏方法原理在于通过低温抑制微生物的生命活动，通常将斜面或半固体培养基中生长良好的菌种直接置于 2~10 ℃冰箱中保藏，使细菌在低温下维持很低的新陈代谢，因此生长极其缓慢，当培养基中营养物质消耗殆尽后再重新接种于新鲜培养基中保存，如此间隔反复移种，故又称定期移植保藏法或传代培养保藏法。定期移种的时间因微生物种类不同而异，一般不产生芽孢的菌种间隔时间较短，大约 2 周至 1 个月移种一次；放线菌、酵母菌及多细胞真菌一般 4~6 月移种一次。石蜡油封藏法原理是将灭菌石蜡油覆盖于斜面或半固体培养物表面，使其隔绝空气，减少氧供，同时减少培养基内水分蒸发，从而达到降低菌种代谢，延长保藏时间的目的。一般利用此法，可在 4 ℃冰箱保藏一年至数年。此类保藏法的优点在于操作简便，且可随时观察保存菌种是否死亡或污染；缺点是因需定期移种传代，菌种易发生变异。

【实验目的】

(1) 掌握几种常用的简易菌种保藏法。

（2）了解常用菌种保藏法的原理及应用。

【实验材料】

（1）菌种:待保藏的细菌、放线菌、酵母菌及真菌等。

（2）培养基:普通斜面及半固体培养基(培养细菌),半固体直立柱(培养酵母菌),高氏1号琼脂斜面(培养放线菌),马铃薯蔗糖斜面培养基(培养多细胞真菌)。

（3）器材:接种环、接种针、无菌试管、无菌滴管。

（4）试剂:灭菌医用石蜡油(相对密度为 0.83~0.89)。

【实验内容】

1. 斜面传代保藏法(适用于细菌、放线菌、酵母菌及多细胞真菌)

（1）接种:将培养的待保藏菌株以斜面接种技术转种于斜面培养基表面。一般保藏细菌及酵母菌应选用对数生长期后期菌种(不宜采用稳定后期菌株,因为此时菌种已趋于衰退),放线菌或多细胞真菌宜选用成熟孢子期。

（2）贴标签:将标有菌种名称及接种日期的标签贴于试管表面。

（3）培养:将接种有待保存菌种的培养基置于培养箱培养,细菌于 37 ℃ 孵育 18~24 h,酵母菌于 28~30 ℃ 培养 36~60 h,放线菌和多细胞真菌于 28 ℃ 培养 4~7 天。

（4）保种:将培养好的菌种置于 4 ℃ 冰箱中保存(注意:① 保存温度不宜太低,否则培养基会结冰脱水加速菌种死亡;② 为防止试管棉塞受潮污染杂菌,管口棉塞以牛皮纸包扎或用熔化的固体石蜡密封后保存)。

（5）复苏:将置于 4 ℃ 冰箱中保存的菌种取出,无菌接种环伸至培养基下方挑取少量菌种,转种于新鲜培养基中,置于合适温度培养。

2. 半固体穿刺保藏法(适用于细菌及酵母菌)

（1）穿刺接种:将培养好的菌种穿刺接种于半固体直立培养基中。

（2）贴标签:将标有菌种名称及接种日期的标签贴于试管表面。

（3）培养:细菌于 37 ℃ 孵育 18~24 h,酵母菌于 28~30 ℃ 培养 36~60 h。

（4）保种:将培养好的菌种置于 4 ℃ 冰箱中保存,管口以浸有石蜡的橡皮塞塞紧,利用此法一般可将菌种保存半年至一年。

（5）复苏:将置于 4 ℃ 冰箱中保存的菌种取出,无菌接种环伸至培养基下挑取少量菌种,转种于新鲜培养基后置于合适温度下培养。

3. 石蜡油封藏法(适用于细菌、放线菌、酵母菌及多细胞真菌)

（1）石蜡油灭菌:将医用石蜡油 121 ℃ 高压蒸汽灭菌 30 min,连续两次,置于 110 ℃ 温箱中 2 h 以去除石蜡油中的多余水分(无多余水分的石蜡油为透明均匀液体状),备用。

（2）培养:将待保藏菌种以斜面接种或穿刺接种法接种于合适的培养基中,置于合适温度培养至适当时间(同斜面传代保藏法所述培养)。

(3) 加石蜡油:无菌滴管吸取少量灭菌石蜡油加至培养基中(以高于斜面顶端或培养基表面约1 cm为宜)。石蜡油不宜过少,否则保藏过程时培养基露出油面并逐渐变干,不利菌种保存。

(4) 保藏:牛皮纸包裹试管口棉塞,置于4 ℃冰箱中保存。一般细菌及酵母菌可保存1年左右,放线菌及多细胞真菌可保存2年。

(5) 复苏:将置于4 ℃冰箱中保存的菌种取出,无菌接种环伸至石蜡油下方挑取少量菌种,在管壁轻轻碰下,尽量使石蜡油滴净,然后转种于新鲜培养基中进行培养。因保存菌种外周可附着有少量石蜡油,初次复苏培养生长缓慢且有黏性,故一般需再转种一次后方可得到生物学性状较为典型的优良菌种。

【注意事项】

(1) 用于保藏的菌种需选择对数生长期细菌或成熟孢子,因此保存前严格掌握好菌种培养时间至关重要,不宜选用幼龄菌或衰老菌进行保种。

(2) 从石蜡油保藏管中挑取菌种接种后,因接种环上沾有菌液及石蜡油,灭菌时应先烤干再烧灼,以免菌液飞溅,污染操作人员及环境。

【思考题】

(1) 菌种保藏的原理是什么?

(2) 石蜡油保藏菌种及复苏过程中有哪些注意事项?

(3) 保存菌种时应选取何期的细菌? 为什么?

(4) 斜面传代保藏法有什么优点和缺点?

【附录】

菌种保存结果记录表

菌种保存后,应有专门记录本记录保存菌种时间、菌种名称、保藏方法等相关资料,记录表格式见表8.1。

表8.1　菌种保存结果记录表(1)

保藏菌种日期	菌种名		培养条件		保藏方法	菌种生长情况
	中文名	学名	培养基	培养温度(℃)		

任务二　甘油保藏法

一般来说,在一个较为宽泛的低温保藏范围内,温度越低,保藏菌种的活性越好,如液氮(−196 ℃)效果好于干冰(−70 ℃),干冰优于−20 ℃,−20 ℃优于0 ℃或4 ℃。低温保存菌种的缺点是在冷冻和复苏冻融过程中产生的冰晶可对细胞造成损伤。为减少冷冻及复苏过程对菌体细胞原生质和细胞膜的损伤,可采用40%甘油或适当浓度的二甲基亚砜为保护剂加以保护,原理为少量保护剂可渗入细胞,能缓解菌体在冻融过程中因强烈脱水及胞内冰晶体的形成对细胞的损伤。甘油保藏菌种法有操作简便、保藏期长、菌体损伤小、保种期间取样测试方便等优点,因此通常用于基因研究中一些含有质粒的菌株保存,一般可保存3～5年。

【实验目的】

(1) 了解甘油保存菌种的原理。

(2) 掌握甘油保存菌种的步骤、方法。

【实验材料】

(1) 菌种:金黄色葡萄球菌。

(2) 培养基:牛肉膏蛋白胨培养基(固体斜面、液体、含100 μg/L 氨苄青霉素的LB 培养基等)。

(3) 器皿:无菌小试管、灭菌 Eppendorf 管、接种环、无菌滴管等。

(4) 试剂:80%无菌甘油、无菌生理盐水。

【实验内容】

1. 无菌甘油准备

将80%甘油高压蒸汽灭菌(121 ℃、20 min),置于4 ℃冰箱中保存备用。

2. 保藏菌种制备

(1) 菌种活化:将待保藏菌种于斜面培养基上传代活化1～2次。

(2) 菌种分离纯化:将活化后的菌种在固体平板上划线分离、培养后,挑取形态特征最典型的单菌落移种至斜面培养,进行生物学性状检测。

(3) 生物学性状检测:将斜面纯化培养后的菌种进行各种生化反应检测或质粒鉴定。

(4) 待保种菌制备:将检测过的菌种移种至适宜培养基中培养,取对数生长期细菌进行菌种保藏。

3.保藏菌种悬液制备

（1）菌液保存法

① 细菌悬液制备：将对数生长期的细菌培养液离心（4 000 r/min），弃上清液，用新鲜培养基混悬成浓度为 $10^8 \sim 10^9$ CFU/mL 的菌悬液，以无菌滴管吸取 0.6 mL 移入 Eppendorf 管中。

② 加入甘油：将 0.4 mL 80%灭菌甘油加入到 Eppendorf 管中，充分混匀，使菌种保藏悬液甘油终浓度为 40%左右。

（2）菌苔保存法

① 细菌悬液制备：将斜面或平板上的菌苔用无菌生理盐水洗下，制成终浓度为 $10^8 \sim 10^9$ CFU/mL 的菌悬液。

② 加入甘油：将 0.4 mL 80%灭菌甘油加入到 Eppendorf 管中，充分混匀，使菌种保藏悬液甘油终浓度为 40%左右。

4.低温保存

将制备好的甘油保藏菌种置于 -20 ℃保存；亦可于液氮速冻后，置于 -80 ℃冰箱中超低温保存（注意：保藏菌种切莫反复冻融，一般置于超低温保存菌种可保存 3~5 年）。

【注意事项】

（1）甘油保藏菌种所用培养基一般选用非选择性的增菌培养基，勿使用选择性培养基，原因是细菌在选择性培养基中生长可能会丢失某些特性，导致所保藏菌种的生物学特性与标准菌种不符。

（2）冷冻保藏及复苏菌种时应遵循"慢冻速化"原则，冷冻时降温速率保持 1 ℃/min，复苏时置于 37~45 ℃水浴中，在 1 min 内快速熔化，以保证菌种最大复苏成活率。

（3）冷冻菌种熔化后，应尽量避免再次冷冻，否则菌种存活率将大幅度降低。因此，在保藏菌种时，最好一次分装多个冻存管保存，取出一管复苏培养后，剩余菌液弃之不要。

【思考题】

（1）甘油保藏菌种有哪些优点和缺点？

（2）甘油保藏菌种的过程中有哪些注意事项？

（3）甘油保藏菌种一般适用于保存哪些微生物？

【附录】

菌种保存结果记录表

甘油保藏菌种后，应做如下记录，具体见表8.2。

表 8.2　菌种保存结果记录表(2)

保藏日期	菌种名称		保藏温度(℃)	保藏年限	菌种生长情况
	中文名	学名			

任务三　冷冻真空干燥保藏法

冷冻真空干燥保藏法又称冷冻干燥保藏法,该法利用低温、脱水干燥、缺氧及添加保护剂等有利条件,使微生物代谢处于相对静止状态,从而达到长期保存微生物的目的。此保藏法可基本用于所有微生物如细菌、放线菌、真菌、病毒等的保存(除少数不产孢子或只产生丝状真菌体外),且具有保存时间长(可长达 10～20 年)、存活率高等优点,因此是目前最有效的微生物保藏方法之一。

冷冻真空干燥保藏法的主要步骤为:

(1) 将待保藏菌种悬浮于保护剂中。

(2) 低温条件下(一般为 - 45 ℃左右)将菌种快速冷冻。

(3) 真空条件下使冰升华,达到脱水干燥的目的。

用于真空干燥的装置有多种机型,一般有安瓿管、收集水分及真空设备等三部分构件。为避免菌液冻干过程中水分进入真空泵,通常在内置安瓿管的容器及真空泵之间安装一个冷凝器,目的是使水蒸气冻结于冷凝器(亦可用放置 P_2O_5、$CaCl_2$ 等干燥器的容器代替)。

【实验目的】

(1) 了解冷冻真空干燥保藏菌种的原理。

(2) 掌握冷冻真空干燥保藏菌种的方法。

【实验材料】

(1) 菌种:待保存菌种(如大肠埃希菌、真菌等)。

(2) 培养基:适用于待保藏菌种的各种斜面培养基。

(3) 试剂:脱脂牛奶、2% HCl、P_2O_5 等。

(4) 仪器:冷冻真空干燥机。

【实验内容】

1. 准备安瓿管

安瓿管先以 2% HCl 浸泡过夜,再反复用自来水冲洗,最后用蒸馏水冲洗 3 次,烤箱烘干。将标有菌种名称及保藏日期的标签置于安瓿管内,有字一面朝向管壁外,管口塞上棉花并以牛皮纸扎紧,高压蒸汽灭菌 30 min 后备用。

2. 脱脂牛奶制备

新鲜牛奶煮沸后,将装有牛奶的容器置于冷水中,待脂肪层漂于液面后,除去最上面的脂肪层,再将牛奶于 4 ℃、3 000 r/min×15 min 离心后,再除去上面的脂肪层。若为脱脂牛奶,可直接配成 20%乳液,于 112 ℃灭菌 30 min 后,质控无菌后备用。

3. 菌液制备

(1) 菌种培养:用待保藏微生物的最适宜培养基斜面培养,一般不同种类微生物斜面培养的时间不同,如细菌培养至 24～28 h,酵母菌培养 3 天,放线菌与霉菌培养 7～10 天。

(2) 制备保藏脱脂牛奶菌液:以无菌吸管吸取 2～3 mL 灭菌脱脂牛奶加入培养好的斜面菌种管中,以接种环轻轻刮下培养物,轻轻振荡,充分混匀后,制成均匀的细菌悬液(菌液浓度一般为 10^8～10^{10} CFU/mL 为宜)。

4. 分装菌液

将上述菌液分装于灭菌安瓿管内(注意:勿将菌液沾在管壁上),一般 0.1～0.2 mL/管,管口塞上棉花。

5. 菌液冷冻

将分装好的安瓿管菌液置于低温冰箱(-45～-35 ℃)或冷冻真空干燥机的冷凝室(温度为 -45 ℃)中,冷冻 1 h。

6. 冷冻真空干燥

(1) 初步干燥:启动冷冻真空干燥机制冷系统,当温度下降至 -45 ℃时,将装有已冻结菌液的安瓿管迅速置于冷冻真空干燥机钟罩内,启动真空泵真空脱水干燥。当样品呈白色粉末状,并从安瓿管内壁脱落时,认为真空干燥已初步完成。

(2) 取出安瓿管:先关闭真空泵,再关制冷机,最后打开进气阀,待钟罩内真空气压下降至与室内压相等后再打开钟罩,取出安瓿管。

(3) 再次干燥:将初次干燥后的安瓿管近顶端塞有棉花端以火焰烧熔,并拉成细颈,再将安瓿管装在冷冻真空干燥机多歧管上,启动真空泵,室温下抽真空(冷凝室内放置含适量 P_2O_5 等干燥剂的塑料盒)或 -45 ℃下抽真空(冷凝室无须再放干燥剂)。再次干燥时间应根据安瓿管数量、保护剂性质及菌液量而定,一般为 2～4 h。

7. 封管

样品干燥后,继续抽真空至 1.33 Pa 后,将安瓿管细颈处以火焰灼烧、熔封。

8. 熔封后的安瓿管真空度检测

可采用高频电火花发生器测试熔封后的安瓿管真空度,将发生器产生的火花轻触安瓿管上端(切勿直射菌种),若管内发出淡蓝色或淡紫色电光,说明管内真空放电,符合真空度要求。

9. 保藏

将检测符合真空度要求的安瓿管置于 4 ℃保存。

10. 复苏

取出安瓿管后,先以 75% 酒精棉球轻轻擦拭安瓿管外壁消毒,将安瓿管上部在火焰上烧热,然后在烧热处滴几滴无菌水,由于内外温差使管壁产生裂缝,静置片刻,让空气从裂缝处缓慢进入管内后,敲断裂口端(这样可防止因空气突然进入开口导致管内菌粉飞扬,造成环境或操作人员受到污染),加入适量新鲜培养液,使菌粉充分溶解,最后用无菌滴管吸取菌液至合适培养基,置于温箱中于适宜温度下复苏培养。

【注意事项】

(1) 菌种真空干燥过程中,样品应保持冻结状态(否则样品可因真空抽吸产生泡沫外溢,导致菌种保藏失败)。

(2) 火焰灼烧安瓿管封口处时,受热要均匀一致,以防漏气现象发生。

(3) 菌种初次复苏培养,若发现培养物生长不良或不纯,可用选择性培养基进行平板划线分离培养,挑选出单个典型菌落后再传代扩大培养。

【思考题】

(1) 冷冻真空干燥保存菌种的原理是什么?

(2) 菌种冻干粉如何复苏培养? 在复苏培养过程中应注意什么问题?

(3) 与其他常见的菌种保藏法相比,冷冻真空干燥保存菌种的优点在哪里?

【附录】

1. 冷冻真空干燥保存法中的常用保护剂

(1) 脱脂牛奶或 10%～20% 脱脂奶粉。

(2) 脱脂牛奶 10 mL,谷氨酸钠 1 g,加蒸馏水至 100 mL。

(3) 脱脂牛奶 3 mL,蔗糖 12 g,谷氨酸钠 1 g,加蒸馏水至 1 000 mL。

(4) 新鲜培养基 50 mL,24% 蔗糖 50 mL。

(5) 不稀释的马血清过滤除菌。

(6) 葡萄糖 30 g,溶于 400 mL 马血清中,过滤除菌。

(7) 内消旋环乙醇 5 g,溶解于 100 mL 马血清中。

(8) 谷氨酸钠 3 g,阿东糖醇 1.5 g,溶解于 100 mL 的 0.1 mol/L 磷酸盐缓冲液

(pH 7.0)中。

(9) 谷氨酸钠 3 g,阿东糖醇 1.5 g,胱氨酸 0.1 g,溶于 100 mL 0.1 mol/L 磷酸盐缓冲液(pH 7.0)中。

(10) 谷氨酸钠 3 g,乳糖 5 g,聚乙烯吡咯烷酮 6 g,溶于 100 mL 0.1 mol/L 磷酸盐缓冲液(pH 7.0)中。

上述保护剂应根据不同菌种选用,一般情况下,脱脂牛奶有来源广泛、制作方便等优点,且适用于细菌、酵母菌及丝状真菌等绝大多数微生物的保种,因此最为常用。

2. 菌种保存结果记录表

菌种保种后,将保存情况记录于表8.3中。

表8.3　菌种保存结果记录表(3)

菌种及菌株名称			保种日期	保护剂	保藏温度（℃）	开管日期	开管存活率
中文名	学名	菌株号					

任务四　干燥保藏法

干燥保藏法原理是将微生物生存所必需的水分蒸发,使菌体细胞处于休眠和代谢停滞状态,从而达到长期保存菌种的目的。为促进菌体细胞水分蒸发,通常将微生物吸附于砂土、明胶、硅胶、滤纸或陶瓷等载体上进行干燥。一般在低温条件下,利用此法可将微生物保藏数年甚至十几年之久。

【实验目的】

(1) 了解干燥保藏菌种的原理。

(2) 掌握几种常见的干燥保藏菌种方法。

【实验材料】

(1) 菌种:细菌、丝状真菌等。

(2) 耗材:试管、滴管、无菌培养皿(内置一张圆形无菌滤纸片)、干燥器、筛子等。

(3) 试剂:10% HCl、P_2O_5、石蜡、白色硅胶等。

【实验内容】

1. 砂土保藏法

此法通常用于保存可产生芽孢的细菌、产生孢子的丝状真菌及放线菌。

(1) 砂土处理:用 60 目筛子将河砂过筛除去大颗粒,再用 10% HCl 浸泡(漫过砂面)2～4 h(目的是除去砂土中的有机物),倒去盐酸,用流水反复冲洗砂土至中性,烤干备用。另取黄土风干、粉碎,以 100 目筛子过筛,备用。

(2) 制备砂土管:将细砂和黄土按 2∶1 或 4∶1 比例混合均匀,装入试管,高度约为 1 mm,管口塞上棉塞,高压蒸汽灭菌(121 ℃、30 min)。灭菌后必须进行质控实验(以无菌接种环挑取少量砂土接种于普通培养液,合适温度下培养一段时间,确证无杂菌生长方可使用)。

(3) 制备菌悬液:以无菌滴管吸取 3 mL 无菌蒸馏水至培养好的斜面菌种管内,接种环轻轻搅动,洗下斜面细菌或孢子,制成菌悬液。

(4) 加菌液:吸取上述菌液或孢子液 0.1～0.5 mL 加入砂土管(量以湿润管中的砂土 2/3 为宜)。

(5) 干燥:将含有菌液的砂土管置于干燥器中,干燥器内放置一无菌培养皿(内放 P_2O_5 等),然后用真空泵抽吸空气 3～4 h,加速干燥。

(6) 保藏:① 保存于干燥器中;② 砂土管以火焰熔封后保藏;③ 将含有菌种的砂土管装入含有 $CaCl_2$ 等干燥剂的大试管中,大试管口塞上橡皮塞并用石蜡密封,置于 4 ℃ 冰箱中保藏。

(7) 复苏:将保藏的砂土菌种管取出,接种环挑取少量含菌砂土接种于斜面培养基中,置于合适温度培养。使用后,原菌种保藏管仍可继续保存。

2. 硅胶保藏法

此法通常用于保藏丝状真菌。

(1) 制备硅胶:将白色硅胶(不含指示剂)以 22 目筛子过筛,取中等大小颗粒装入带有螺帽的小试管中,高度约为 2 cm 为宜,然后放于 160 ℃ 烤箱中干热灭菌 2 h。

(2) 制备孢子液:用 5% 灭菌脱脂牛奶将斜面上的孢子洗下,制成孢子悬液。

(3) 加菌液:先将放硅胶的试管倾斜,使硅胶在管内铺开,置于冰浴中冷却 30 min(目的是防止硅胶因孢子液加入后,吸水发热,影响孢子成活率),然后从试管底部缓慢向上滴加孢子液,加入量以湿润硅胶 3/4 为宜。加入孢子液后,立即将试管置于冰浴中冷却 15 min。

(4) 干燥:旋松试管口螺帽,放于干燥器中,室温下干燥,当管内硅胶颗粒易于松散分开时,表明硅胶已达到干燥要求。

(5) 保藏:将干燥后的菌种管口四周以石蜡密封,置于 4 ℃ 冰箱中保藏。

(6) 复苏:从冷藏保存的硅胶管中取出几粒硅胶放入合适培养液,置于合适温度下培养。

3. 明胶片保存法

此法通常用于保存细菌,其原理是利用含有明胶的培养液为悬浮剂,将待保藏菌种制成浓菌悬液,滴于载体上使其扩散成一薄片,干燥后冷藏保存。

(1) 制备明胶悬浮液

① A 液:蛋白胨 1%,牛肉膏 0.4%,NaCl 0.5%,明胶 20%,调 pH 至 7.6,分装于 2 mL 小试管中,121 ℃高压蒸汽灭菌 15 min,备用。

② B 液:0.5%维生素 C 水溶液(用时现配,过滤除菌备用)。

③ 将 A 液熔化,冷却至 50 ℃左右,加入 0.2 mL B 液,充分混匀,置于 40 ℃水浴中备用。

(2) 制备菌悬液:将生长至对数生长期的细菌用普通培养液混悬后,加入明胶悬浮液,制成浓度>5×10^9 CFU/mL 的悬浮菌液。

(3) 制备蜡纸:将直径约为 8 cm 的滤纸浸泡于熔化的热石蜡液体中 2 min,取出置于无菌培养皿中,备用。

(4) 加菌液:无菌滴管吸取明胶细菌悬液滴于石蜡滤纸上,让石蜡纸上菌液自行扩散,形成小圆薄片状菌膜,每张滤纸一般可滴 25～30 个菌膜。

(5) 干燥:将含有菌膜滤纸的培养皿放入含有 P_2O_5 的干燥器内,真空泵抽吸,干燥。

(6) 保藏:将干燥含有细菌的明胶片仔细从石蜡滤纸上剥下,装入无菌试管内,管口塞上软木塞,石蜡密封,试管外壁标明菌种名称及保藏日期,放入 4 ℃冰箱中冷藏保存。

(7) 复苏:用无菌镊子从菌种保藏管中夹取一片含有菌种的明胶片,放培养液中,置于合适温度下培养。

4. 麸皮保藏法

此法通常用于保藏丝状真菌。

(1) 制备麸皮培养基:将麸皮与蒸馏水以 1∶(0.8～1.5)比例拌匀,分装于试管(高度约为 1.5 cm)中,加入时保持混合物松散状态,勿积压紧实,塞上棉塞,用牛皮纸包扎后,121 ℃高压蒸汽灭菌 30 min。

(2) 细菌培养:将待保藏菌种接种于麸皮试管内,在合适温度下培养,待培养基上长满孢子后取出。

(3) 干燥:将培养好的麸皮菌种管放入含有 $CaCl_2$ 的干燥器内,室温下干燥,中途更换 3～5 次干燥剂,以加速干燥进程。

(3) 保藏:将干燥后的麸皮菌种管取出,管口塞上无菌橡皮塞,四周以石蜡密封,置于 4 ℃保藏。

(4) 复苏:用无菌接种环挑取少量带有孢子的麸皮接种于合适培养基中,置于合适温度下培养。

【注意事项】

（1）灭菌后砂土应进行抽样质控实验，一般按 10% 比例抽检，若灭菌不彻底应重新灭菌。

（2）硅胶法保存细菌，为防硅胶管内温度太高会导致菌种死亡，加入菌液时应在冰浴中进行。

【思考题】

（1）干燥保藏菌种的原理是什么？常用的干燥保存菌种法有哪几种？

（2）硅胶保藏菌种的过程中应注意什么问题？

（3）菌种管干燥时间太长，会对菌种保存结果有什么影响？

【附录】

菌种保存结果记录表

菌种保存后，将保存情况记录于表 8.4 中。

表 8.4　菌种保存结果记录表（4）

保种日期	菌种名称			培养条件	培养温度（℃）	保藏方法	生长情况
	中文名	英文名	菌株编号	培养基			

任务五　液氮超低温保藏法

液氮超低温保藏法是将菌种密封于有保护剂的安瓿管内，经逐步控制速度冻结后，在 -196～-150 ℃液氮超低温罐中保存，在该温度范围内，微生物新陈代谢处于停滞状态，可降低菌种变异率并达到长期保持原种性状的目的。相对于冷冻干燥保藏法或其他干燥保种有困难的微生物如支原体、衣原体及难以形成孢子的真菌等，都可用此法长期保存。因此，本法亦是目前保藏菌种最理想的方法。

由于超低温冻结时不可避免会对菌体细胞产生破坏，因此为减轻损伤，必须将菌种悬浮于低温保护剂中（如甘油、二甲基亚砜等），再分装冻结保存。冻结方法有两种：一是慢速冻结，即在冻结器控制下，以 1～5 ℃/min 的速率使样品从室温下

降至－40 ℃,再将菌种管放入液氮管内(若没有冻结器,可采取在4 ℃放置30 min,
－20 ℃下放置1～2 h,－80 ℃过夜,最后放入液氮罐中保存);另一种是快速冻结,
将菌种管直接放入液氮罐中保存。相对来说,第一种方法由于慢速降温冻结,对菌
种损伤较小,但无论哪一种冻结方法,若处理不当都可引起菌种较大损伤或死亡。
此法利用超低温将菌种冻存于－196～－150 ℃中,由于保存的微生物类型不同,
其细胞壁渗透性亦有差异,每种微生物承受的冷却速度不尽相同,因此须根据保存
菌种的种类,预实验确定其冷却速率。

【实验目的】

(1) 了解超低温液氮保存菌种的原理。
(2) 掌握液氮超低温保藏菌种的方法。

【实验材料】

(1) 菌种:生长良好的待保藏菌种。
(2) 培养基:适宜的斜面培养基。
(3) 仪器设备:液氮罐、冻结控制器、安瓿管、超低温冰箱等。
(4) 试剂:20%甘油、10%二甲基亚砜(DMSO)。

【实验内容】

1. 安瓿管准备

安瓿管先以蒸馏水冲洗3遍,烘干。将标有菌种名称及接种日期的标签放入
管上部,管口塞紧棉塞,121 ℃高压蒸汽灭菌30 min,烘干备用。安瓿管必须能经
受高温灭菌和超低温冻结处理,一般由硬质玻璃或聚丙烯塑料制成,容量以2 mL
为宜。

2. 制备保护剂

配置20%甘油或10% DMSO溶液,121 ℃高压蒸汽灭菌30 min,备用。

3. 菌悬液制备

将待保藏菌种接种至合适培养基,置于合适温度下培养至稳定期,对产生孢子
的真菌一般培养至成熟孢子期,然后以无菌滴管吸取适量灭菌生理盐水,加入到菌
种生长良好的斜面培养基表面,接种环刮取培养基表面菌苔,轻轻搅动,制成均匀
的菌悬液。

4. 加保护剂

吸取上述菌悬液2 mL于无菌试管内,加入2 mL 20%甘油或10% DMSO。
充分混匀,使混合液中的保护剂终浓度为10%或5%。

5. 分装菌液

将含有保护剂的菌液以0.5 mL/管容量分装至安瓿管内。不产生孢子的多

细胞真菌可用平板培养至合适时间后,用无菌打孔器在含菌平板处打下直径约为 0.5 mm 大小的圆形菌块,然后以无菌镊子夹取 2~3 块放入含有保护剂的安瓿管内。

6. 冻结及保藏

含有待保藏菌种的安瓿管管口先用火焰熔封(可将管口熔封后的安瓿管浸入次甲基蓝溶液中于 4~8 ℃ 静置 30 min 后,观察有无溶液浸入管内,若无,表明密封完好,方可进行冻结)。适用于慢速冻结的菌种在控速冻结器的控制下以 1~2 ℃/min 的速率缓慢降温,当温度降至 -40 ℃ 时,立即将安瓿管放入液氮管内超低温保存;若无冻结控制器,可先将样品管于 4 ℃ 下放置 30 min, -20 ℃ 下放置 1~2 h, -80 ℃ 过夜,最后移入液氮罐。适宜快速冻结的菌种,可直接放入液氮罐中保存。液氮超低温保藏菌种分液相保藏和气相保藏:液相保藏是将安瓿管放入液氮罐的提桶内保藏(-196 ℃),气相保藏是将菌种管放在液氮冰箱内液氮液面上方的气相中保藏(-150 ℃)。

7. 复苏

将安瓿管取出后,置于 38 ℃ 水浴中解冻,并轻轻摇晃,以促进样品快速熔化(一般在 1~3 min 内即可熔化),然后接于合适培养液中,置于合适温度下培养。若要测定保藏菌种存活率,可将菌液定量 10 倍连续稀释后,取最后两个稀释度进行平板 CFU 计数,与保种前计数比较,可算出保藏存活率。

【注意事项】

(1) 置于液相保存的菌种管,管口必须熔封严密,否则菌种管从超低温液氮中取出后,进入管内的液氮因内外温差太大而急剧气化膨胀,可导致安瓿管爆炸。

(2) 无论是把菌种管放入液氮超低温保藏或是从液氮中取菌种复苏培养,实验人员均应戴好防护罩和手套,以防冻伤。

【思考题】

(1) 液氮超低温保存菌种的原理是什么?
(2) 液氮超低温保存菌种的过程中,如何最大程度减少对菌体细胞的损伤?
(3) 置于液相保存的安瓿管管口为何必须要熔封密封?

【附录】

1. 液氮超低温保藏法常用的低温保护剂

(1) 甘油:蒸馏水配置成 20% 浓度,高压蒸汽灭菌备用。
(2) DMSO:无菌蒸馏水配置成 10% 浓度。
(3) 甲醇:配置成 5% 浓度,过滤除菌备用。
(4) 羟乙基淀粉:使用质量浓度为 5%。

（5）葡聚糖:使用质量浓度为5%。

2. 菌种保存结果记录表

菌种保存后,将保存情况记录于表8.5中。

表 8.5　菌种保存结果记录表(5)

保种日期	菌种名称		培养条件			保护剂	冻结速度(℃/min)	液相/气相	存活率
	中文	英文	培养基	培养温度(℃)	培养时间(h)				

（吕杰）

实验九　微生物的生长及生化

　　生长繁殖及新陈代谢是微生物的重要生命活动。生长与繁殖是两个不同概念,生长是指细胞原生质总量不断增加;而当细胞内各种成分及结构协调增长至某个阶段时,母细胞开始分裂,形成两个子细胞,这种个体数目增多即为繁殖。生长与繁殖是两个不可分割、紧密联系、交替进行的生命现象。微生物在适宜条件下,不断吸收周围环境中的营养物质,合成菌体组分并按其固有方式进行新陈代谢。微生物的代谢过程从胞外酶水解外环境中的营养物质开始,包括分解代谢和合成代谢,其显著特征是代谢旺盛及代谢类型的多样化。分解代谢是微生物分解底物和产生能量的过程;利用产生的能量和前体物质合成菌体成分及一些重要代谢产物的过程,称为合成代谢。两者并不孤立,中间代谢将其紧密联系在一起。本章将介绍微生物的常用培养方法、基础培养基上的生长现象及一些重要代谢现象。

任务一　细菌的培养方法

　　人工培养细菌,要选择合适培养基以提供充足的营养物质、适宜的 pH 和理想的渗透压,还需要适宜的周围环境如合适温度和必要的气体等。病原菌培养一般采用 35～37 ℃,培养时间多为 18～24 h(有时需根据菌种及培养目的不同改变,如药敏实验应选择对数生长期培养物)。需氧菌和兼性厌氧菌置于空气中培养即可,专性厌氧菌则需在无游离氧环境中培养。大多数细菌在代谢过程中产生的 CO_2 可自给自足,且空气中还有微量 CO_2,不需额外供给;只有少数如脑膜炎奈瑟球菌、淋病奈瑟菌、布鲁氏菌等,初次分离培养时必须置于 5%～10% CO_2 的气体环境中。

　　一般根据接种标本及培养目的不同,选择不同的接种技术和培养方法。最常用的培养方法有分离培养和纯培养。分离培养是指通过划线分离技术将标本接种于固体培养基表面,因划线的分离作用,标本中混杂菌在培养基表面逐渐分散,最后单个细菌二分裂增殖成一团肉眼可见的单菌落,不同细菌因其单菌落的颜色、大小、气味、溶血性、性状有所不同,从而挑选出目的细菌。从固体培养基表面挑取单菌落,移种至另一个培养基中,生长出大量的纯种细菌,称为纯培养,多用于细菌保种或数量扩增。

细菌培养对医学、工农业生产及生物基因工程等领域均有重要意义,如在疾病诊断、预防、治疗、食品生产加工、废水垃圾处理、疫苗制备、药品研发等方面都有重要作用。本章将主要介绍一般培养、二氧化碳培养、厌氧培养等几种常见的细菌培养方法。

【实验目的】

(1) 掌握细菌的常用培养方法。

(2) 了解细菌微需氧、二氧化碳及厌氧培养法的目的及应用。

【实验试剂】

(1) 器材:普通孵育箱、磨口玻璃标本缸或干燥器、厌氧袋、厌氧罐、二氧化碳培养箱、三气培养箱、真空泵。

(2) 试剂及培养基:钯粒、美蓝、枸橼酸、碳酸氢钠、硼氢化钠、氯化钴、1 mol/L 氢氧化钠、焦性没食子酸、1 mol/L 盐酸、碳酸氢钠、琼脂平板培养基、疱肉培养基。

(3) 气体:O_2、N_2、CO_2、H_2。

【实验内容】

根据细菌对氧气及二氧化碳需求的差异,常用细菌的培养方法可分为四种:需氧(普通)、微需氧、厌氧及二氧化碳培养法。

1. 需氧培养法

此法适用于需氧菌和兼性厌氧菌的培养。将已接种细菌的培养基(琼脂平板、斜面或液体)置于 37 ℃温箱中培养 18～24 h,观察细菌生长情况。一般细菌培养 18～24 h 后即可观察生长现象,但有些少数生长缓慢的细菌需培养更长的时间 (3～7 天直至一个月)才能观察。另外,有些细菌最适生长温度低于 37 ℃,如鼠疫耶尔森菌在 28～30 ℃生长得更好。

2. 微需氧培养法

此法适用于微需氧菌的培养,如空肠弯曲菌、幽门螺杆菌等在低氧分压条件下生长良好。可用抽气换气法即用真空泵先将容器内空气排尽,然后注入 5% O_2、10% CO_2、85% N_2,也可采用三气培养箱通过 CO_2 及 N_2 自动调节箱内三种气体的深度,然后放入已接种细菌的培养基中,于 37 ℃培养。

3. 厌氧培养法

此法适用于专性厌氧菌的培养。目前常用的厌氧培养方法有厌氧罐法、气袋法、焦性没食子酸法及疱肉培养基培养法等。

(1) 厌氧罐培养法

它是目前应用较广泛的一种方法,通过理化方法除去密闭容器中的氧气,造成无氧环境,包括抽气换气法及气体发生袋法。

① 抽气换气法:此法适用于一般实验室,其特点是较经济并可迅速建立厌氧环境。将已接种细菌平板放入厌氧罐,拧紧盖子,真空泵抽出罐中空气,使压力真空表至 -79.98 kPa,停止抽气,充入高纯氮气使压力真空表指针回 0 位,连续反复 3 次,最后在罐内 -79.98 kPa 的情况下,充入 70% N_2、20% H_2、10% CO_2,罐中需放入冷催化剂钯粒,可催化罐中残余的 O_2 和 H_2 化合成水,同时罐中应放有美蓝指示管,在无氧时呈现无色。

② 气体发生袋法:气体发生袋由锡箔密封包装,内含两种药片,一种为含枸橼酸和碳酸氢钠合剂的药片,另一种是硼氢化钠-氯化钴合剂的药片,前者遇水放出二氧化碳,后者可释放氢。使用时在发生袋的右上角剪一小口,灌入 10 mL 蒸馏水,立即放入含有钯粒、美蓝指示剂及平板培养基的厌氧罐中,拧紧盖子即可造成罐中 O_2 含量低于 1% 的缺氧环境。

(2)气袋法

此法操作方便,不但实验室中可用,而且外出采样、现场接种也可应用。原理与气体发生袋完全相同,只是采用透明而密闭的塑料袋代替了厌氧罐,内装有气体发生安瓿、指示剂安瓿、含有催化剂钯的带孔塑料管各一支。操作方法为首先将接种的平板培养基放入袋中,用弹簧夹夹紧袋口,然后折断产气安瓿,20 min 后再折断指示剂安瓿,如果指示剂美蓝无色即表明袋内达到厌氧状态,即可放入 37 ℃ 孵箱中进行培养。

(3)焦性没食子酸法

将厌氧菌接种至血琼脂平皿上,在该平皿盖的外侧面中央放置直径为 4 cm 左右的圆形纱布两层,按每 100 mL 容积用焦性没食子酸 1 g 与 1 mol/L NaOH 1 mL 的用量,先在纱布上放入焦性没食子酸,再盖上同等大小的纱布两层,然后在其上滴加 NaOH 溶液,迅速将平皿倒置于其上,平皿周围用溶化石蜡封闭,最后置于 37 ℃ 孵箱中培养 24~48 h。

(4)庖肉培养基培养法

将庖肉培养基表面的石蜡在酒精灯火焰上方加热熔化,用毛细吸管吸取待检标本,接种至庖肉培养基中,直立培养管待石蜡凝固后置于 37 ℃ 孵箱中培养 24~48 h 后观察。

4. 二氧化碳培养法

有些细菌如脑膜炎奈瑟菌、淋病奈瑟菌、牛布鲁菌等需要在含有 5%~10% CO_2 环境中才能生长良好,尤其是初代分离培养时要求更为严格。将已接种的培养基置于二氧化碳环境中进行培养的方法即二氧化碳培养法,常用方法有下列几种:

(1)二氧化碳培养箱:是一台特制的培养箱,既可调节 CO_2 的含量,又能调节所需温度。CO_2 从钢瓶通过培养箱的 CO_2 运送管进入培养箱内,由浓度自动控制器调节所需 CO_2 浓度,将已接种细菌的培养基直接放入箱内孵育,此法适用于大型实验室。

（2）烛缸法：将已接种细菌或标本的平板置于容量为 2 000 mL 的磨口标本缸或干燥器内（为了隔绝空气，缸盖及缸口涂以凡士林密封），放入一小段点燃的蜡烛于缸内（勿靠近缸壁，以免烤热缸壁而炸裂），盖密缸盖。待缸内燃烛因缺氧自行熄灭时，容器内二氧化碳含量为 5%～10%，然后将整个容器置于 37 ℃ 的孵箱中培养（图 9.1）。

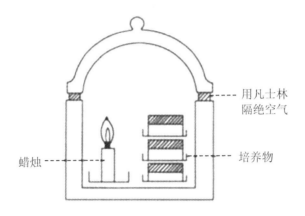

用凡士林隔绝空气

蜡烛

培养物

图 9.1　烛缸培养法

（3）化学（碳酸氢钠-盐酸）法：每升容积的容器内碳酸氢钠与 1 mol/L 盐酸的用量按 0.4 g 与 3.5 mL 的比例加入，将两种药物分别置于一器皿（如平皿）内，连同器皿置于磨口标本缸或干燥器内，盖严后使容器倾斜，当两种药品接触后即可产生 CO_2。

【注意事项】

（1）普通培养法对培养要求时间较长的细菌，接种后可将试管口塞上棉塞后用石蜡密封，以防培养基干裂。

（2）厌氧培养之前，需仔细检查厌氧装备有无漏气、催化剂及指示剂质量问题。使用时须严格遵守操作规范，保证厌氧培养。

【思考题】

（1）为什么有些细菌需要选用厌氧培养方法？

（2）细菌的培养方法有哪些？各有什么用途？

（3）厌氧培养法的气袋法是如何达到厌氧环境的？

任务二 细菌的生长现象

通过分离培养,细菌在固体培养基上形成菌落,各种细菌的菌落在大小、形状、颜色、气味、透明度、表面光滑或粗糙、湿润或干燥、边缘整齐度及溶血情况等方面有所不同,因此可根据菌落性状的特点鉴定细菌。从平板上挑取单菌落接种于液体培养基纯培养,目的是扩增细菌数量,需氧度不同的细菌在液体培养基中亦有不同生长现象。因此,观察细菌在培养基中的生长表现,对细菌的鉴定检查是非常重要的第一步,本节将主要介绍细菌在三大基础培养基(液体、半固体、固体培养基)中的生长现象。

【实验目的】

(1) 掌握细菌在固体、液体及半固体培养基上的生长表现。

(2) 掌握对细菌菌落特点的描述。

【实验材料】

(1) 菌种:金黄色葡萄球菌、表皮葡萄球菌、甲型溶血性金链球菌、乙型溶血性链球菌、铜绿假单胞菌、枯草芽孢杆菌、大肠埃希菌、肺炎克雷伯菌及蜡样芽孢杆菌。

(2) 培养基:普通琼脂平板、斜面培养基、半固体琼脂培养基、肉膏汤、血琼脂平板培养基。

【实验内容】

不同细菌在固体、半固体和液体培养基中的生长现象各不相同,通过观察细菌的培养特征可对细菌进行初步的分类及鉴定,并能判断纯培养物是否发生污染。

1. 接种细菌

(1) 将金黄色葡萄球菌、肺炎克雷伯菌及蜡样芽孢杆菌以分区划线法分别接种于血琼脂平板培养基。

(2) 将金黄色葡萄球菌、铜绿假单胞菌分别接种于营养琼脂斜面培养基。

(3) 将甲型溶血性链球菌、乙型溶血性链球菌、表皮葡萄球菌分别接种于血琼脂平板。

(4) 将枯草芽孢杆菌、金黄色葡萄球菌和乙型溶血性链球菌分别接种于液体培养基。

(5) 将肺炎克雷伯菌和大肠埃希菌用穿刺法接种于半固体琼脂培养基。

2. 培养

将接种有上述细菌的培养基置于 37 ℃温箱中孵育 18～24 h。

3. 观察细菌的生长现象

（1）固体培养基：固体培养基多用于细菌的分离培养，细菌生长后可形成单菌落或菌苔。单个细菌生长繁殖后形成的集落即为菌落；细菌量较多的部分，菌落常融合成片即为菌苔。菌苔一般不作为细菌鉴定指标，但不同细菌的菌落通常具有一定特征，因此常用于细菌的初步鉴定。描述菌落特征时应注意观察菌落的大小、颜色、溶血性、形状、凹凸度、表面光滑度、透明度、黏度和边缘是否整齐等方面。细菌产生的色素包括脂溶性（如金黄色葡萄球菌的金黄色色素）和水溶性（如铜绿假单胞菌的青脓素与绿脓素色素）两种；细菌在血琼脂平板培养基生长后还应观察菌落周围溶血现象，溶血特性包括 α 溶血（如甲型溶血性链球菌）、β 溶血（如乙型溶血性链球菌）和不溶血（如丙型链球菌）。一般根据菌落表面特征可将菌落分为三种类型。

① 光滑型菌落（Smooth type colony）：即 S 型菌落，此种菌落特点为表面光滑、湿润、边缘整齐，至于其他特点，如凸起或扁平、色素、透明度、溶血等可因菌种而异，如金黄色葡萄球菌的菌落。

② 粗糙型菌落（Rough type colony）：即 R 型菌落，此种菌落表面粗糙、干燥、边缘不整齐，如蜡样芽孢杆菌的菌落。

③ 黏液型菌落（Mucoid type colony）：即 M 型菌落，此型菌落表面光滑、湿润、呈黏液状，以接种环触之可拉出丝状物，即"成丝实验"阳性，如肺炎克雷伯菌的菌落。

（2）液体培养基：液体培养基多用于增菌或测定细菌的生化反应，细菌生长后根据细菌的差异可有以下三种生长现象（图 9.2）。

① 混浊生长：细菌生长后液体变为均匀混浊，如金黄色葡萄球菌。

② 沉淀生长：菌液上层培养液澄清，管底有絮状或颗粒状沉淀物，如乙型溶血性链球菌。

③ 表面生长：细菌生长后在液体表面形成一层菌膜，培养液澄清，如枯草芽孢杆菌。

（3）半固体培养基：半固体培养基多用于观察细菌动力，判断有无鞭毛。细菌在半固体培养基中生长后，根据穿刺线是否清晰及周围培养基混浊度，可将细菌的生长现象分为沿线生长和扩散生长（图 9.3）。

① 沿线生长：指细菌沿穿刺线生长，穿刺线清晰，培养基透明度无变化，表明细菌无动力即无鞭毛，如志贺菌。

② 扩散生长：指细菌向穿刺线周围运动生长，培养基变混浊，穿刺线可模糊或呈根须状，即表现为云雾状或羽毛状生长，表明细菌有动力即有鞭毛，如大肠埃希菌、伤寒沙门菌等。

 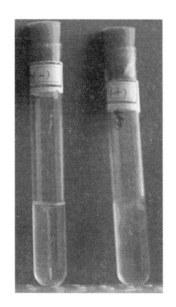

图9.2　细菌在液体培养基中的三种生长现象　　图9.3　细菌在半固体培养基中的生长现象

【注意事项】

（1）观察液体培养基时，应注意观察液体培养基澄清透明度，管底是否有沉淀，表面是否有菌膜，及色素产生情况，故不宜剧烈振荡。

（2）细菌在半固体培养基中出现云雾状或羽毛状生长，均为动力学阳性表现，差异仅是由于细菌运动能力的不同造成的。

【思考题】

（1）固体、半固体及液体培养基的主要用途是什么？

（2）细菌在固体、半固体及液体培养基上的生长表现分别是怎样的？

（3）细菌的菌落按表面特征可分为哪几种类型？

（4）细菌在半固体培养基中的云雾状生长及羽毛状生长是如何区分的？

任务三　细菌的生化反应

细菌鉴定是微生物工作者的基础工作之一。除观察细菌形态特征外，借助其在生理、生化上的不同亦可作为细菌分类鉴定的主要依据。不同细菌具有的酶不完全相同，对营养物质的分解能力亦不一致，因而其代谢产物有别，根据此特点，利用生物化学方法来鉴别不同细菌称为细菌的生化反应实验。常规生理、生化反应实验方法费时费力,为能在较短时间内完成大量生化反应实验以提高菌种鉴定速度,自20世纪70年代以来陆续出现许多快速、准确、微量、简便的生化实验方法。在此基础上,随着微型计算机的发展,现代临床细菌学已普遍采用微量、快速的生化鉴定方法,根据细菌种类不同,选择系列生化指标,依据反应阳性或阴性选取数值,组成鉴定码,形成以细菌生化反应为基础的各种数值编码鉴定系统,如API、Enterotube等细菌鉴定系统。虽然更为先进的全自动细菌鉴定仪使得细菌生化鉴定实现了自动化,但了解一些常见重要的生化反应原理是微生物学工作者必须掌握的基本理论知识,因此本章节将主要介绍细菌鉴定中一些常见、重要的生化反应原理及常规实验方法。

【实验目的】

(1) 掌握鉴别细菌常用生化反应的原理及结果判定。

(2) 熟悉鉴别细菌常用生化反应的培养基、方法和意义。

【实验材料】

(1) 菌种:大肠埃希菌、产气肠杆菌、产碱杆菌、普通变形杆菌、伤寒沙门菌、福氏志贺菌、铜绿假单胞菌、乙型副伤寒沙门菌、金黄色葡萄球菌、链球菌。

(2) 培养基:葡萄糖和乳糖发酵管、Hugh-Leifson培养基、葡萄糖蛋白胨水、蛋白胨水、醋酸铅培养基、明胶培养基、苯丙氨酸培养基、氨基酸脱羧酶培养基、尿素培养基、枸橼酸盐培养基、硝酸盐培养基、DNA琼脂培养基、克氏双糖铁培养基、MIU培养基。

(3) 试剂:甲基红试剂,VP实验甲液、乙液,靛基质,三氧化铁试剂,液体石蜡,硝酸盐还原试剂甲液、乙液,氧化镁试剂,吲哚试剂,3%过氧化氢。

【实验内容】

1. 糖发酵实验

(1) 原理:各种细菌分解单糖能力不同,有的不分解,有的分解后产酸不产气,有的分解后产酸又产气,故可根据细菌分解糖能力的差异作为鉴定菌种的依据之一。

(2) 方法:将大肠埃希菌、伤寒沙门菌及产碱杆菌分别接种葡萄糖发酵管,37℃培养18～24 h后,观察结果。

(3) 结果:细菌糖发酵实验有三种结果。

① 不发酵糖:培养基颜色与接种前无变化,但因有细菌生长,液体浑浊,记录实验结果以"－"表示。

② 分解糖产酸不产气:培养基中的pH指示剂(如溴甲酚酯由紫色变为黄色)变色,培养基中倒置的杜氏小管上端无气泡,记录实验结果以"＋"表示。

③ 分解糖产酸产气:培养基颜色改变,且管中倒置的杜氏小管上端有气泡,记录结果以"⊕"表示。大肠埃希菌分解葡萄糖产酸产气,伤寒沙门菌分解葡萄糖产酸不产气,产碱杆菌为阴性(图9.4)。

A   B   C   D

图9.4　细菌单糖发酵实验

A:阴性对照;B: - ;C: + ;D:⊕

2. 吲哚(靛基质)实验

(1)原理:某些细菌含有色氨酸酶,可分解蛋白胨中的色氨酸产生无色吲哚(靛基质),吲哚可与对二甲基氨基苯甲醛发生化合反应,生成红色的玫瑰吲哚。

(2)方法:以接种环挑取待检测菌种,接种于蛋白胨水培养液中,置于37℃温箱中培养24~48 h。

(3)结果:于培养基中加入乙醚1 mL,充分混匀,使吲哚萃取至乙醚中,静置分层,然后沿试管壁加入数滴吲哚试剂(注意:沿着管壁缓慢加入,不可振荡,以免破坏萃取层),如在培养基液面上方萃取层出现玫瑰红色,说明有吲哚产生,即为吲哚实验阳性,实验结果记录为" + ",反之,则为" - "(图9.5)。

A   B

图9.5　吲哚实验

A: + ;B: -

3．甲基红实验

（1）原理：某些细菌如大肠埃希菌分解葡萄糖产生丙酮酸,丙酮酸可进一步分解为甲酸、乙酸等酸性物质,导致培养基 $pH<4.5$,加入 pH 指示剂甲基红后,颜色变为紫红色,为实验阳性。有些细菌如产气肠杆菌分解葡萄糖后产生的丙酮酸脱羧后转化为中性的乙酰甲基甲醇。培养基 $pH>5.4$,甲基红指示剂为橘黄色,此为实验阴性。

（2）方法：将大肠埃希菌和产气肠杆菌分别接种于葡萄糖蛋白胨水培养基中,在 37 ℃恒温箱中培养 24 h 后,观察实验结果。

（3）结果：在培养基中加入甲基红指示剂 2～3 滴,立即观察,指示剂呈现紫红色为阳性,记录为“＋”,指示剂呈现橘黄色为阴性,记录为“－”。大肠埃希菌为阳性,产气肠杆菌为阴性。

4．V-P(Voges-Proskauer)实验

（1）原理：某些细菌可分解葡萄糖产生丙酮酸,丙酮酸可进一步脱羧生成乙酰甲基甲醇,后者在碱性环境下被氧化为二乙酰,然后与蛋白胨中的精氨酸胍基发生作用,生成红色胍缩二乙酰,为 VP 实验阳性。若培养基中胍基含量少,加入少量含胍基的化合物如肌酸肌酐,可促进反应。

（2）方法：将大肠埃希菌和产气肠杆菌分别接种至葡萄糖蛋白胨水培养基中,在 37 ℃下培养 24～48 h,在培养物中加入 VP 实验甲液和乙液各一滴,充分混匀,观察结果。

（3）结果：在数分钟内培养基变红为阳性,若无颜色改变,将试管置于 37 ℃下孵育 4 h 后再观察,如仍无颜色改变则为阴性。大肠埃希菌阴性,产气肠杆菌阳性。

5．硫化氢实验

（1）原理：有些细菌可将培养基中含硫氨基酸(如半胱氨酸、胱氨酸)分解,产生硫化氢,硫离子可进一步与培养基中亚铁离子或铅离子生成黑色硫化亚铁或硫化铅沉淀。

（2）方法：将伤寒沙门菌和大肠埃希菌分别接种于培养基(含醋酸铅或硫化亚铁)中,在 37 ℃下培养 24 h,观察实验结果。

（3）结果：培养基变黑为阳性,不变色为阴性。伤寒沙门菌阳性,大肠埃希菌阴性(图 9.6)。

图9.6　硫化氢实验
A：＋；B：－

6．枸橼酸盐(或柠檬酸盐)利用实验

（1）原理：某些细菌(如产气肠杆菌)可利用铵盐为唯一氮源,并利用枸橼酸盐(柠檬酸盐)为唯一碳源时,可在枸橼酸盐(柠檬酸盐)培养基上生长,并分解枸橼酸盐(柠檬酸盐)生成碳酸盐,分解铵盐产生铵,使培养基变碱,pH指示剂溴麝香草酚蓝由绿色变为深蓝色,则为枸橼酸盐(柠檬酸盐)利用实验阳性。若细菌不能利用枸橼酸盐(柠檬酸盐)为碳源,则细菌不能生长,培养基不变色,为阴性。

(2) 方法:将大肠埃希菌和产气肠杆菌分别接种于枸橼酸盐(或柠檬酸盐)培养基中,在37℃下培养24～48 h,观察实验结果。

(3) 结果:产气肠杆菌接种的培养基有菌苔出现,培养基变为深蓝色,为阳性。大肠埃希菌接种的平板上,细菌不生长,培养基不变色(仍为绿色),为阴性。

7. 尿素酶实验

(1) 原理:某些细菌具有尿素酶,能分解培养基中尿素产氨,使培养基变碱,酚红指示剂变红,为阳性。

(2) 方法:将大肠埃希菌和变形杆菌分别接种于含有酚红的尿素培养基中,在37℃下培养24 h后,观察结果。

(3) 结果:培养基变红为阳性,反之为阴性。变形杆菌为阳性,大肠埃希菌为阴性。

8. 氧化酶实验

(1) 原理:某些细菌(如脑膜炎奈瑟球菌、铜绿假单胞菌等)具有氧化酶,可将盐酸二甲基对苯二胺或盐酸四甲基对苯二胺氧化成紫红色的醌类化合物。

(2) 方法:用滤纸条从培养物上沾取待检测菌落少许,滴管吸取氧化酶试剂,滴加于滤纸条菌落上(亦可直接将氧化酶试剂滴加在培养物菌落表面)。

(3) 结果:滤纸条立即变为红色,继而颜色进一步加深(若是盐酸四甲基对苯二胺,阳性为蓝色),则为阳性,阴性无颜色变化。脑膜炎奈瑟球菌、铜绿假单胞菌为阳性,肠杆菌科细菌为阴性。

9. 硝酸盐还原实验

(1) 原理:某些细菌能还原培养基中的硝酸盐,产生亚硝酸盐、氨和氮等。此生化反应用于鉴定培养基中有无亚硝酸盐产生。如有亚硝酸盐,可与醋酸作用生成亚硝酸,亚硝酸与对氨基苯磺酸作用,产生重氮苯磺酸,后者与α-奈胺结合生成N-α-奈胺偶氮苯磺酸。肠杆菌科细菌亚硝酸还原实验均为阳性。其他一些细菌如铜绿假单胞菌将硝酸盐或亚硝酸盐还原为气体氮或氧化氮,称为脱硝化或脱氮化作用。

(2) 方法:将大肠埃希菌、铜绿假单胞菌、醋酸钙不动杆菌分别接种于硝酸盐培养基中,在37℃下培养1～4天,加入硝酸盐还原试剂甲液和乙液的等量混合液0.1 mL后,观察结果。

(3) 结果:立刻或在10 min内变为红色的为阳性,无颜色改变为阴性。若检查有无氮气产生,可在培养基中放置一口向下的倒置小导管,管内有气泡出现,说明有氮气产生。若加入硝酸盐试剂后无颜色改变,为考虑是否有假阴性,需检查硝酸盐是否被还原,可在原试管内再加入少量锌粉,如出现红色,表示硝酸盐仍然存在。若无红色,表示硝酸盐已被还原为氨和氮。肠杆菌科细菌硝酸盐还原实验均为阳性,铜绿假单胞菌亦为阳性,但可产生氮气,醋酸钙不动杆菌为阴性。

10．过氧化氢酶(触酶)实验

(1)原理:某些细菌具有过氧化氢酶,可分解过氧化氢,产生初生态氧,进一步生成氧分子并出现气泡。

(2)方法:无菌接种环挑取平板上的待检菌落,置于洁净载玻片上,滴加3%过氧化氢溶液数滴(注意:过氧化氢要用时现配),观察结果。

(3)结果:在1 min内有大量气泡产生者为阳性,反之为阴性。金黄色葡萄球菌(包括葡萄球菌属)为阳性,链球菌为阴性。

11．明胶液化实验

(1)原理:某些细菌具有明胶酶,能分解明胶成多肽,并进一步分解为氨基酸,使明胶失去凝固力。

(2)方法:将大肠埃希菌和普通变形杆菌分别穿刺接种于明胶培养基中,置于22 ℃培养5～7天,每天观察结果(亦可放于35 ℃培养,但此温度下,由于明胶培养基为液体状态,因此需将培养物放置于4 ℃冰箱中30 min后再观察结果)。

(3)结果:半固体的明胶培养基变为液体状态,则为阳性。大肠埃希菌为阳性,普通变形杆菌为阴性。

12．氧化-发酵实验(O-F实验)

(1)原理:细菌在分解葡萄糖过程中,必须有分子氧参与,称为氧化型,氧化型细菌在乏氧环境中不能分解葡萄糖。细菌在分解葡萄糖过程中,可以无氧酵解的,称为发酵型,发酵型细菌在有氧或无氧环境中均可分解葡萄糖。不分解葡萄糖称为产碱型细菌。利用此实验可鉴别细菌代谢类型。

(2)方法:将大肠埃希菌和铜绿假单胞菌同时接种于两支 Hugh-Leifson 培养基中,其中一支试管滴加无菌液体石蜡(或其他矿物油),高度不低于1 cm,在37 ℃下培养24 h,观察结果。

(3)结果:培养基颜色变黄表示细菌能分解葡萄糖产酸,若两支试管均变黄则为发酵型,均不变色为产碱型。仅不加液体石蜡者变黄为氧化型。大肠埃希菌为发酵型,铜绿假单胞菌为氧化型。

13．DNA酶实验

(1)原理:某些细菌在生长代谢过程中可产生 DNA 酶,DNA 酶释放后可使DNA长链水解为几个单核苷酸组成的寡核苷酸链。酸可沉淀 DNA 链,水解产生的寡核苷酸链可溶解于酸,故在 DNA 琼脂培养基中加入盐酸后,在菌落周围可形成透明环。

(2)方法:将待检菌种点种于 DNA 琼脂平板,在37 ℃下培养18～24 h后,以1 mol/L 盐酸倾注于平板上,观察结果。

(3) 结果:菌落周围有透明环为阳性,反之为阴性。肠杆菌科中沙雷菌属和变形杆菌属为阳性,病原性球菌中金黄色葡萄球菌亦为阳性。

14. 氨基酸脱羧酶实验

(1) 原理:某些细菌具有氨基酸脱羧酶,分解氨基酸后,使其脱羧生成胺和 CO_2,称为脱羧反应。脱羧反应可使培养基变碱,使 pH 指示剂颜色发生改变。一般来说,常用的氨基酸有以下三种:L-赖氨酸脱羧形成尸胺,L-鸟氨酸脱羧形成腐胺,L-精氨酸脱羧形成精胺。

(2) 方法:将普通变形杆菌和乙型副伤寒沙门菌分别接种于氨基酸脱羧酶培养基及阴性对照培养管中,加入无菌液体石蜡,在 37 ℃ 下培养 1~4 天,每天观察。

(3) 结果:待检菌种管由浅紫红色变紫色(pH 指示剂为溴甲酚酯)或由绿变蓝(指示剂为溴麝香草酚蓝)为阳性,阴性为黄色;阴性对照管应为黄色。若阴性对照管变为阳性(紫色或蓝色),则所有氨基酸脱羧酶实验管均无效。乙型副伤寒沙门菌氨基酸脱羧酶实验为阳性,普通变形杆菌为阴性。

15. 苯丙氨酸脱羧酶实验

(1) 原理:有些细菌可产生苯丙氨酸脱羧酶,使苯丙氨酸脱羧产生苯丙酮酸,加入三氧化铁后,两者形成绿色化合物。

(2) 方法:将大肠埃希菌和变形杆菌分别接种于苯丙氨酸斜面培养基中,置于 37 ℃ 下培养 18~24 h。

(3) 结果:在培养物斜面上滴加 100 g/L 的三氧化铁溶液,出现绿色为阳性。变形杆菌为阳性,大肠埃希菌为阴性。

16. 葡萄糖酸盐实验

(1) 原理:某些细菌能氧化葡萄糖酸钾,产生 α-酮基葡萄糖酸,后者可将班氏试剂中的硫酸铜(蓝色)还原为氢氧化亚铜(黄色),进而形成砖红色的氧化亚铜沉淀。

(2) 方法:将待检菌种大量接种于含有葡萄糖酸钾的培养基中,在 37 ℃ 下培养 24~48 h,加班氏试剂,水浴煮沸 10 min,观察结果。

(3) 结果:出现黄色、橙色或砖红色为阳性,反之为阴性。

17. 克氏双糖铁(KIA)复合实验

(1) 原理:该生化反应鉴定管以酚红为 pH 指示剂,酸性时为黄色,碱性条件下变红。待检菌如能发酵乳糖和葡萄糖并产酸产气,则斜面和底面均呈黄色,且有气泡。若只发酵葡萄糖不发酵乳糖(因培养基中葡萄糖含量较少,约为乳糖量的十分之一),斜面产生的少量酸因接触空气而挥发,从而使斜面保持原来的红色;底层由于相对缺氧,发酵葡萄糖产生的酸不被氧化挥发而变黄。如细菌分解蛋白质产生硫化氢,可与柠檬酸铁反应,产生黑色的硫化亚铁沉淀,导致培养基变黑。

(2) 方法:将大肠埃希菌、伤寒沙门菌及福氏志贺菌分别接种于 KIA 培养基(底层穿刺接种,斜面划线接种)中,在 37 ℃ 下培养 24 h。

（3）结果：大肠埃希菌因发酵乳糖和葡萄糖，产酸又产气，培养基变黄，且培养基中有气泡出现，但培养基不变黑，表示硫化氢实验阴性。伤寒沙门菌发酵葡萄糖，不发酵乳糖，培养基上层红色，底层黄色，且培养基中变黑，说明硫化氢实验阳性。福氏志贺菌发酵葡萄糖，不发酵乳糖，培养基上层红色，底层黄色，但培养基不变黑，硫化氢实验阴性（图 9.7）。

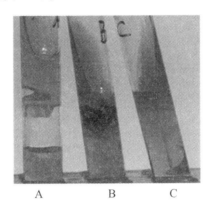

图 9.7　KIA 实验

A：大肠埃希菌；B：普通变形杆菌；C：福氏志贺菌

18. 动力、吲哚、脲酶（MIU）复合实验

（1）原理：MIU 培养基为含尿素、蛋白胨的半固体培养基，pH 指示剂为酚红。含有色氨酸酶的细菌分解蛋白胨中的色氨酸产生无色吲哚后，加入吲哚试剂，培养基上层可出现红色的玫瑰吲哚；具有脲酶的细菌可分解尿素产氨，培养基变碱，酚红在碱性条件下变红，导致培养基变红；有鞭毛的细菌沿穿刺线扩散生长，穿刺线粗大、模糊不清、四周浑浊。

（2）方法：将大肠埃希菌、普通变形杆菌和福氏志贺菌穿刺接种于 MIU 培养基中，在 37 ℃下培养 18～24 h 后，观察动力和脲酶实验结果后，再滴加吲哚试剂，观察吲哚实验结果。

（3）结果：大肠埃希菌动力阳性、吲哚阳性、脲酶阴性。普通变形杆菌动力阳性、吲哚阳性、脲酶阳性。福氏志贺菌动力阴性、吲哚阴性、脲酶阴性（图 9.8）。

19. 吲哚（I）、甲基红（M）、VP（V）、枸橼酸盐利用（C）实验（又称 IMViC 实验）

（1）原理：吲哚、甲基红、VP、枸橼酸盐利用这四种实验组合在一起来鉴定肠道杆菌，合称为 IMViC 实验。

（2）方法：将大肠埃希菌和产气肠杆菌分别接种于普通培养基、葡萄糖蛋白胨水、枸橼酸盐培养基中，在 37 ℃下培养 24～48 h 后，观察上述四种实验结果。

（3）结果：大肠埃希菌 IMViC 实验结果依次是 ＋、＋、－、－；产气肠杆菌是 －、－、＋、＋。

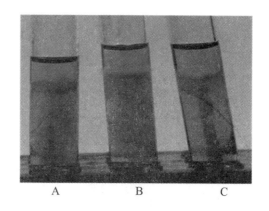

图 9.8 MIU 实验

A：大肠埃希菌；B：伤寒沙门菌；C：福氏志贺菌

【注意事项】

(1) 观察吲哚实验结果时，滴加吲哚试剂要沿试管内壁逐滴缓慢加入，稍等片刻后立即观察培养基上方是否有红色化合物出现，随着时间推移，化合物颜色逐渐向四周扩散以至不清晰。配置吲哚实验用的蛋白胨水培养基时，宜选用色氨酸含量高的蛋白胨，否则将影响实验结果的阳性率。

(2) 装有杜氏小管的糖发酵培养基灭菌时要特别注意排净灭菌锅内的冷空气，尽量让压力自然下降至"0"再打开排气阀，否则杜氏小管内会有气泡，影响观察结果。

(3) 触酶实验中，若细菌是培养于血琼脂平板上时，接种环挑取待检测细菌时，应避免取到血琼脂块，以防假阳性结果出现；3% 过氧化氢溶液应该用时现配，时间放久易出现假阴性。

(4) 滴加 VP 试剂甲液和乙液后，要充分混匀，静置 10 min 后，再观察有无红色化合物出现。

(5) 氧化酶实验中，避免接触含铁物质，否则易出现假阳性；氧化酶试剂在空气中易氧化，应经常更换试剂。

(6) 测定甲基红实验结果时，甲基红指示剂不宜加过多，以免出现假阳性。

(7) 配置枸橼酸盐培养基应控制好 pH，不宜太碱，配置好的培养基以浅绿色为宜。

【思考题】

(1) 哪些生化反应可用于区别大肠埃希菌和产气肠杆菌，实验结果如何？

(2) 为什么很多细菌鉴定的生化反应实验均要用到 pH 指示剂？

(3) 细菌的生化反应鉴定需要做空白对照吗？为什么？

【附录】

一、常用细菌生化反应鉴定培养基的配制

1. 糖(甘、醇)发酵培养基的配制(用于细菌糖发酵实验,通常用于革兰阴性杆菌鉴别)

(1) 成分:蛋白胨 10 g,糖 5~10 g,NaCl 5 g,16 g/L 溴甲酚紫乙醇溶液 1 mL,蒸馏水加至 1 000 mL。

(2) 制法:将上述成分充分混匀溶解后,调 pH 至 7.4~7.6,分装试管,54.04 kPa 高压灭菌 15 min,如需观察产气,可在每只试管中加倒置杜氏小管一只(注意:加杜氏小管的培养基在灭菌取出时必须让压力自然下降至"0"再打开排气阀,否则杜氏小管内会有气泡,影响结果观察)。葡萄糖、甘露醇、肌醇及水杨苷等可在灭菌前加入培养基,木糖、阿拉伯糖和其他双糖须过滤除菌后加入灭菌培养基(注意:使用前进行质控,合格后方可加入)。

2. 氨基酸脱羧酶培养基的配制(用于氨基酸脱羧酶实验,通常用于肠杆菌科及弧菌属细菌鉴定)

(1) 成分:蛋白胨 5 g,酵母浸膏 3 g,葡萄糖 1 g,16 g/L 溴甲酚紫乙醇溶液 1 mL,加蒸馏水至 1 000 mL。

(2) 制法:将上述各成分充分混匀溶解后,加入指示剂,分成 4 份:一份为阴性对照(不加氨基酸),其余三份为实验对照(各加入 0.5% 的 L-赖氨酸、L-精氨酸、L-鸟氨酸)。pH 调至 6.8,0.5~1.0 mL/管进行分装,在液面上方加入约 5 mm 高度的液体石蜡,68.95 kPa 高压灭菌后备用。

3. 苯丙氨酸脱羧酶实验培养基的配制(用于苯丙氨酸脱羧酶实验,通常用于肠杆菌科细菌鉴定)

(1) 成分:酵母浸膏 3 g,DL-苯丙氨酸(或 L-苯丙氨酸)2 g,无水磷酸二氢钾 1 g,NaCl 5 g,琼脂粉 12 g,加蒸馏水至 1 000 mL。

(2) 制法:将上述成分加入溶解后分装试管,68.95 kPa 高压灭菌 5 min,趁热放置呈斜面,置于 4 ℃冰箱中保存备用。

4. 醋酸铅琼脂培养基的配制(用于硫化氢实验,鉴定细菌产生 H_2S 的能力)

(1) 成分:普通营养培养基 94.5 mL,10% 硫代硫酸钠 2.5 mL,10% 醋酸铅 3 mL。

(2) 制法:94.5 mL 营养琼脂培养基高压蒸汽灭菌后,在熔化的灭菌后培养基内加入 10% 硫代硫酸钠溶液(新配制,高压灭菌后使用)2.5 mL,待冷却至 60 ℃左右,再加入 10% 醋酸铅溶液 3 mL(高压灭菌后使用),充分混匀后分装备用。

5. 动力-吲哚-尿素(MIU)培养基的配制(通常用于肠杆菌科细菌的初步鉴定，亦可用于副溶血性弧菌及单胞菌属等的初步鉴定)

(1) 成分：蛋白胨 10 g，NaCl 5 g，葡萄糖 1 g，磷酸二氢钾 2 g，4 g/L 酚红水溶液 2 mL，琼脂粉 2 g，加蒸馏水至 900 mL。

(2) 制法：除尿素及酚红，其他各成分均溶于水中加入溶解后，调 pH 至 7.0，再加入酚红指示剂，68.95 kPa 高压灭菌 15 min，待冷却至 85 ℃ 左右时，加入 200 g/L 尿素溶液 100 mL(过滤除菌后备用)，以 3 mL/管分装于无菌试管，直立凝固后，放置于 4 ℃ 冰箱中保存备用。

6. 克式双糖铁(KIA)复合培养基的配制(用于肠杆菌科细菌的初步鉴定，亦可用于非发酵菌初步鉴定)

(1) 成分：蛋白胨 20 g，酵母膏 3 g，柠檬酸铁铵 0.5 g，牛肉膏 3 g，NaCl 5 g，硫代硫酸钠 0.5 g，琼脂粉 12～15 g。

(2) 制法：上述各成分溶于 994 mL 蒸馏水，溶解后将 pH 调至 7.4～7.6，再加入乳糖 10 g、葡萄糖 1 g、4 g/L 酚红溶液 6 mL，充分混匀后，过滤分装试管，每管 3 mL，68.95 kPa 灭菌 15 min，取出后倾斜放置，斜面和底面培养基各占 1/2 高度为宜，凝固后放置于 4 ℃ 冰箱中保存备用。

7. 明胶培养基的配制(常用于检测细菌液化明胶能力)

(1) 成分：牛肉膏 3 g，明胶 120 g，蛋白胨 5 g，加蒸馏水至 1 000 mL。

(2) 制法：上述各成分加热充分溶解后，pH 调至 7.6，过滤，分装试管，68.95 kPa 灭菌 12 min 后，置冷水浴中快速冷却，凝固后放置 4 ℃ 冰箱中保存备用。

8. 尿素培养基的配制(用以检测细菌产生脲素酶的能力)

(1) 成分：蛋白胨 1 g，葡萄糖 1 g，NaCl 5 g，磷酸二氢钾 2 g，2 g/L 酚红溶液 6 mL，200 g/L 尿素溶液 50 mL。

(2) 制法：将上述各成分(除尿素外)充分混匀并溶解后，加蒸馏水至 950 mL，pH 值调至 6.8。68.95 kPa 灭菌 15 min 后，加入 50 mL 过滤除菌的尿素溶液，混匀后分装于无菌试管中，4 ℃ 冰箱中保存备用。

9. 葡糖糖蛋白胨水培养基的配制(用于甲基红和 VP 实验)

(1) 成分：蛋白胨 7 g，磷酸二氢钾 5 g，葡萄糖 5 g，加蒸馏水至 1 000 mL。

(2) 制法：充分溶解后，pH 调至 7.2，分装于试管中，103.43 kPa 高压灭菌 15 min后，4 ℃ 冰箱中保存备用。

10. 葡萄糖酸盐实验培养基的配制

(1) 成分：蛋白胨 1.5 g，酵母浸膏 1 g，磷酸二氢钾 1 g，葡萄糖酸钾 40 g，加蒸馏水至 1 000 mL。

(2) 制法：加热充分溶解后，过滤，pH 调至 6.5，以 1 mL/管分装，68.95 kPa 高压灭菌 15 min，冷却后置于 4 ℃ 冰箱中保存备用。

11. 硝酸盐还原实验培养基的配制(常用于检测细菌还原硝酸盐的能力)

(1) 成分：硝酸钾(不含 NO_2^-)0.2 g，蛋白胨 5 g，蒸馏水加至 1 000 mL。

（2）制法：充分混匀并溶解后将 pH 调至 7.4，分装于试管中，103.43 kPa 高压灭菌 15 min 后备用。

12．氧化-发酵(O/F)实验培养基的配制(又称 Hugh-Leifson 培养基，用于细菌代谢类型测定)

（1）成分：蛋白胨 2 g，NaCl 5 g，磷酸二氢钾 0.3 g，加蒸馏水至 988 mL。

（2）制法：调 pH 至 7.2 后，加入糖 10 g，琼脂粉 4 g，水浴煮沸，加入 pH 指示剂 2 g/L 溴麝香草酚蓝溶液 12 mL，分装于试管中，高度为 7～8 cm，68.95 kPa 高压灭菌 15 min，4 ℃保存备用。

13．DNA 琼脂培养基的配制(用于细菌 DNA 酶检测)

（1）成分：胰蛋白胨 15 g，植物蛋白胨 5 g，DNA 2 g，NaCl 5 g，琼脂粉 15 g，加蒸馏水至 1 000 mL。

（2）制法：将上述成分混匀并溶解，pH 调至 7.3，于 103.43 kPa 高压灭菌 15 min，趁热倾注平板，凝固后放置于 4 ℃冰箱中保存备用。

二、常用细菌生化反应鉴定试剂的配制

1．苯丙氨酸脱羧酶试剂的配制

三氧化铁 10 g 加蒸馏水至 100 mL，充分溶解。

2．靛基质试剂的配制

对二甲基氨基苯甲醛 10 g，溶于 95%酒精（丁醇或正戊醇亦可）150 mL，缓慢加入浓盐酸 50 mL。

3．甲基红试剂的配制

甲基红 0.06 g，加至 180 mL 95%酒精中，充分溶解，再加入 120 mL 蒸馏水混匀。

4．班氏试剂的配制

（1）甲液：两水枸橼酸钠 8.5 g，无水碳酸钠 76.4 g，溶于 700 mL 蒸馏水，加热助溶。

（2）乙液：五水硫酸铜 13.4 g，加蒸馏水至 100 mL，加热助溶。待乙液完全冷却后，将乙液缓慢加入至甲液中，边加边摇晃，使之不断充分混匀，冷却至室温后再以蒸馏水补足至 1 000 mL（注意：若溶液不透明，则需过滤；煮沸后如出现沉淀或变色现象，试剂不能使用）。

5．硝酸盐还原实验试剂的配制

（1）甲液：对氨基苯磺酸 0.8 g，溶于 5 mol/L 100 mL 醋酸。

（2）乙液：α-氛胺 0.5 g，溶于 5 mol/L 100 mL 醋酸。

6．氧化酶试剂的配制

盐酸二甲基对苯二胺（或盐酸四甲基对苯二胺）1 g，溶于 100 mL 蒸馏水。

7. 苯丙氨酸脱羧酶试剂的配制

$FeCl_3 \cdot 6H_2O$ 12 g,溶于 2% HCl 100 mL。

8. VP 试剂的配制

(1) 甲液:50 g/L α-萘酚酒精溶液。

(2) 乙液:400 g/L 氢氧化钾溶液,0.3%肌酐。

三、常用细菌生化反应 pH 指示剂

称取 pH 指示剂 0.1 g,于研钵中研磨成细粉状,然后滴加 0.1 mol/L 氢氧化钠并使其溶解,再加蒸馏水至所需浓度即可,细菌生化反应鉴定常用的 pH 指示剂浓度见表 9.1。

表 9.1　细菌生化反应鉴定常用 pH 指示剂配制及酸碱度感应范围

pH 指示剂	颜色变化 酸→碱	pH 感应 范围	0.1 g 所需 0.1 mol/L NaOH(mL)	蒸馏水 (mL)	浓度 (%)	10 mL 培养基 所需量(mL)
酚红	黄→红	6.8~8.4	2.82	250	0.04	0.5
甲基红	红→黄	4.4~6.0	—	250	0.04	0.5
溴甲酚紫	黄→紫	5.2~6.8	1.85	500	0.02	0.2
溴麝香草酚蓝	黄→绿→蓝	6.0~7.6	1.60	500	0.02	0.2

(吕杰)

实验十　理化因素对微生物生长的影响

　　微生物中细菌为单细胞生物,极易受外界理化及生物因素的影响。环境适宜时,细菌生长繁殖;若环境条件不适宜或剧烈变化时,细菌发生代谢障碍,使生长受到抑制,甚至死亡。

　　消毒灭菌即是利用物理或化学方法来抑制或杀死内外环境中的微生物,以防止微生物污染或病原微生物传播的方法。其在医学生物科学、工农业生产和日常生活中有着广泛的应用。实际工作中应根据物品的种类、性质不同,选用不同的灭菌方法。

任务一　物理因素对细菌的影响

【实验目的】

(1) 掌握高压蒸汽灭菌的方法。

(2) 熟悉各种常用的物理消毒灭菌的方法。

【实验内容】

一、常用的湿热灭菌法

1. 煮沸消毒法

(1) 煮沸消毒器:煮沸消毒器是用金属做成的有盖长方形锅,锅内有一带孔的盘。如无这种专用的消毒器,用任何可以盛水和加热的容器代替也可。

(2) 用法:锅内加水,放入清洁后的欲消毒物件,使之全部浸没在水中(如同时加入2%的碳酸氢钠,可以防止金属器械生锈),加盖,置炉具上加热煮沸,维持10~15 min。本法只能杀死病原微生物,而对其他微生物或芽孢不一定会杀死。此法适用于注射器、注射针头等器皿。此法的缺点是灭菌效果差,必要时加入抑菌剂。

2. 流通蒸汽灭菌法

(1) 阿诺锅:本容器为一个双层金属筒,两筒间隔处填满隔热材料,上面有一个圆锥形的盖,盖中央有一个小孔,以便多余的蒸汽外溢,锅底装有放水龙头,侧面的连通管可用来观察锅内的水位,锅内水平面上有一个多孔的隔板,用来放置将要消毒的物品。本容器犹如蒸笼。

(2) 用法:向锅内加水至规定水位,放入待消毒的物品,加热至沸腾,并维持30 min,因为在普通大气压下,水蒸气温度不会超过 100 ℃,所以本法只能杀死细菌的繁殖体,而芽孢不一定会被杀死。流通蒸汽法若要杀死芽孢必须行间歇灭菌法,即每日 1 次,每次 30 min,连续 3 次。本法用于不耐热的糖类、马铃薯、牛奶等培养基,1~2 mL 的安瓿剂,口服液或不耐热制剂的灭菌。此法缺点是不能保证杀灭所有的芽孢。

3. 高压蒸汽灭菌法

采用高压蒸汽灭菌器进行灭菌,高压蒸汽灭菌器的灭菌原理、方法和注意事项见实验二中的"高压蒸汽灭菌器"。

4. 巴氏消毒法

它是用较低温度杀灭液体中的病原菌或特定微生物,以保持物品中所需的不耐热成分不被破坏的消毒方法。此法由巴斯德创建,用于酒类及牛乳的消毒,既可杀灭食品中的病原微生物,又可最大限度保留食品中的营养成分。方法有两种:一种是加热至61.1~62.8 ℃ 30 min;另一种是 71.7 ℃ 15~30 s,现广泛采用后一种方法。

二、干热灭菌法

电热干烤法采用电热干烤箱进行灭菌,电热干烤箱的灭菌方法和注意事项见实验二中的"电热干烤箱"。

三、机械滤过除菌法

1. 原理

滤过除菌是利用机械作用除去液体中细菌的方法。用于除菌的器具叫除菌滤器,有的用滤板过滤,如蔡氏滤器、玻璃滤器等;有的用滤膜除菌。现在较多采用滤膜除菌,滤膜允许通过的最大直径有 0.45 μm、0.2 μm、0.1 μm 等规格。滤器种类较多,一般分为正压滤器和负压滤器两种,正压滤器的原理是在滤膜的上方施加压力,使液体通过滤膜,除去细菌,如常用的针头滤器;另一种是负压滤器,是在滤膜下方抽出空气造成负压,使滤膜上方液体在负压作用下通过滤膜,除去细菌。

2. 方法

以针头滤器为例,介绍滤过除菌的方法。取注射器一支,吸取一定量的大肠埃希菌的培养物,将已灭菌针头滤器的前端与注射器相连,推动注射器内筒,使液体通过滤膜流入无菌的试管中,然后,将滤液接种于肉汤培养基中,37 ℃孵育箱内培养 24 h,观察有无细菌生长,以判断滤过除菌的效果。

机械滤过除菌法在进行消毒时要注意:

过滤时用力要均匀,不要过大,不要回抽注射器,以免滤膜破损,影响除菌的效果。此法只能除去液体中的细菌,而不能除去病毒,0.45 μm 孔径的滤膜不能除去细菌 L 型、支原体、衣原体等病原体,应予以注意。

此法适用于某些不能用加热方法进行灭菌的物品除菌,如血清、药剂、酶制剂、细胞培养液等,也可从细菌的培养液中分离病毒和外毒素等可溶性物质。

四、紫外线杀菌法

1. 原理

紫外线是日光中主要的杀菌因素之一。波长为 200~300 nm 的紫外线均具有杀菌作用,其中波长为 265~266 nm 的紫外线最易被细菌核酸吸收,从而改变细菌的生物学活性,导致细菌变性、死亡。有人认为紫外线照射细菌可使其 DNA 中的相邻两个胸腺嘧啶形成二聚体,干扰了 DNA 的复制,而发挥杀菌作用。医学上常用特制的紫外线灯进行空气、物品表面的消毒。

2. 材料

大肠埃希菌营养琼脂培养物、营养琼脂平板、接种环、酒精灯、医用紫外线灯。

3. 方法

用灭菌接种环挑取大肠埃希菌培养物,在无菌的普通琼脂平板上做连续密集划线,使细菌均匀密集地涂布于平板的表面。在医用紫外线灯下,开启平皿盖的一半,距离紫外线灯管 1 m 以内,接受紫外线照射 30 min,盖好平皿盖,置 37 ℃孵育箱培养 24 h 后观察结果。

由于紫外线的穿透力较弱,所以进行消毒时要注意:

(1) 紫外线光源与被消毒物体之间不能有任何的阻隔,即使是玻璃、纸张也会阻拦紫外线。

(2) 紫外线光源与被消毒物品之间的距离应在 1 m 以内。

(3) 消毒的时间要足够。

(4) 由于紫外线也可以破坏人体细胞的 DNA,所以实验者不能长时间暴露于紫外光源下,避免皮肤和黏膜损伤。

【思考题】

(1) 各种物理灭菌方法的原理和特点是什么?

(2) 各种物理灭菌方法的适用范围是什么?

（3）常用物品的最佳灭菌方法是什么？

（4）观察并记录滤过除菌、紫外线杀菌的结果，分析它们的特点、适用范围、注意事项等。

任务二　化学因素对细菌的影响

【实验目的】

（1）了解常用的化学消毒剂的杀菌或抑菌的原理。

（2）了解各种化学消毒剂的抑菌谱、适用范围及配伍禁忌。

（3）了解各种化学消毒剂的使用浓度及使用方法。

【实验原理】

化学消毒剂的种类繁多，杀菌及抑菌机理各异，概括起来有以下几个方面的因素：

（1）使菌体蛋白质变性和沉淀。

（2）影响细菌酶的活性。

（3）改变细菌的表面张力，破坏细胞壁或改变细胞膜的通透性，使细菌溶解或破坏等。

【实验内容】

一、几种常用化学消毒剂的杀菌/抑菌能力实验

1. 材料

（1）葡萄球菌液体培养物或斜面培养物1支，普通琼脂无菌平皿培养基1块。

（2）各种化学消毒剂：2.5%碘酒、2%红汞、1%龙胆紫、0.1%新洁尔灭。

（3）其他：直径为6 mm的滤纸片、眼科镊、酒精灯、接种环、95%乙醇、尺子等。

2. 方法

（1）用灭菌接种环挑取一定量的葡萄球菌培养物，在普通无菌琼脂培养基表面行连续密集划线，使细菌均匀涂布在培养基表面，注意接种环的角度和力度，切勿划破琼脂。

（2）眼科镊蘸95%的乙醇火烧灭菌后，夹取无菌小滤纸片，分别在各种化学消毒剂的液体中浸湿，取出时将纸片上多余的消毒液滴去，然后贴放在涂有细菌的平

板培养基的表面。各纸片间的距离及距平板边缘的距离基本一致(图 10.1)。在平板的底部外面注明各种消毒剂的名称。

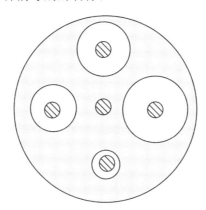

图 10.1　消毒液纸片抑菌实验

(3) 将平皿放入 37 ℃温箱内孵育 24 h,观察各消毒剂纸片的周围有无抑菌圈,并比较各种消毒剂抑菌圈的大小。

3. 结果

消毒剂纸片周围出现直径不同的抑菌环,可用直尺测量抑菌环直径的大小。

二、化学消毒剂对体表细菌的抑制作用

1. 材料

普通无菌琼脂培养基、无菌生理盐水、2.5%碘酒、75%的乙醇、无菌棉签等。

2. 方法

(1) 用无菌的棉签蘸取无菌生理盐水擦拭手指皮肤,然后在普通琼脂平板培养基上进行均匀密集涂布。

(2) 用 2.5%碘酒、75%的乙醇消毒皮肤后,再用无菌棉签蘸取无菌生理盐水擦拭皮肤后,在另一个普通琼脂平板培养基上进行均匀密集涂布。

(3) 将上述两块平板标记后置 37 ℃孵育 18～24 h,取出后观察两块平板的菌落数并进行比较。

【思考题】

(1) 影响化学消毒剂杀/抑菌效果的因素有哪些?

(2) 不同化学消毒剂的适用范围分别是什么?

(3) 使用化学消毒剂时的配伍禁忌有哪些?

(4) 记录各种消毒剂对葡萄球菌的抑制作用,比较强弱并说明原因。

(5) 记录皮肤消毒前后细菌数量的变化。

任务三　生物因素对细菌的影响

一、抗菌药物敏感实验

【实验目的】

掌握标准纸片扩散法(K-B 法)的原理、方法、结果判断与意义。

【实验材料】

(1) 菌种:金黄色葡萄球菌标准菌株 ATCC(美国标准生物品收藏中心)25 923 株、大肠埃希氏菌标准菌株 ATCC 25 922 株 18~24 h 斜面培养物。

(2) 培养基:MH(水解酪蛋白)琼脂无菌平皿培养基。

(3) 试剂:标准药敏纸片庆大霉素(GEN)、青霉素(PEN)、红霉素(ERY)、环丙沙星(CIP)、先锋 V 。

(4) 其他:95%乙醇、小镊子、毫米尺、接种环等。

【实验内容】

1. 原理

商品化药敏纸片是一种含有一定浓度抗菌药物的滤纸片,滤纸片一旦与培养基接触后即可吸收培养基中的水分,从而使抗菌药物向琼脂四周均匀扩散,形成随着离滤纸片的距离加大、琼脂中抗菌药物浓度逐渐减少的梯度浓度。当培养基上的细菌与这些药物作用后可表现出自身特异的敏感性(在纸片周围无细菌生长且形成宽厚的透明抑菌圈)或抗药性(在纸片周围有细菌生长或抑菌圈很小),根据抑菌圈直径的大小可以判断待检菌对测定药物的敏感程度。抗菌药物纸片周围抑菌圈愈大,说明该菌对此药物越敏感。

2. 方法

用灭菌接种环挑取金黄色葡萄球菌或大肠埃希菌斜面培养物上的菌苔,用连续密集划线法将细菌培养物均匀涂满整个无菌琼脂培养基表面(图 10.2、图 10.3)。在酒精灯火焰旁进行无菌操作,用小镊子夹取不同种类抗菌药物的药敏纸片并贴在琼脂培养基表面,贴布纸片后应用镊子尖部轻压一下,以免平板倒置培养时纸片脱落。各纸片间中心距离应大于或等于 24 mm,纸片距平皿内缘应大于或等于 15 mm。每取一种滤纸片前,均须先烧灼灭菌镊子,并待稍冷后再取。贴布好纸片的平板置37℃温箱中培养18～24 h后观察细菌对药物的敏感程度,并判断细菌对各种抗菌药物的敏感性。

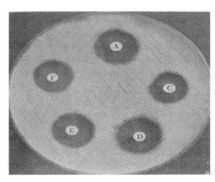

图10.2　抗菌药物敏感实验示意图(1)

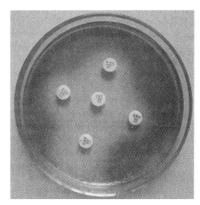

图10.3　抗菌药物敏感实验示意图(2)

3. 结果

(1) 结果判断

用毫米刻度尺测量抗菌药物抑菌圈直径大小,参照表10.1的判断标准。按照敏感(S)、中介(I)、抗药(R)报告或定性,比较各种药物之间的敏感程度。

表 10.1　纸片法药物敏感实验纸片含药量和结果判断

药物名称	含药量/片	抑菌圈直径(mm)		
		抗药(R)	中介(I)	敏感(S)
AMK	30 μg	≤14	15～16	≥17
CLI	2 μg	≤14	15～20	≥21
GEN	10 μg	≤12	13～14	≥15
OXA	1 μg	≤10	11～12	≥13
PEN	10 U	≤28	—	≥29
AMS	10/10 μg	≤11	12～14	≥15
AMP	10 μg	≤13	14～16	≥17
PIP	100 μg	≤17	—	≥18
FZN	30 μg	≤14	15～17	≥18
CAZ	30 μg	≤14	15～17	≥18
CIP	5 μg	≤15	16～20	≥21
ATM	30 μg	≤15	16～21	≥22
FRX	30 μg	≤14	15～17	≥18
IMP	10 μg	≤13	14～15	≥16
VAN	30 μg	—	—	≥15
SXT	1.25/23.75 μg	≤10	11～15	≥16

（2）质量控制

标准菌株的抑菌圈直径大小见表 10.2,如果超过该范围,应视为失控,需及时寻找原因,重新进行实验。

表 10.2　质控标准菌株的抑菌圈预期值范围

药物名称	含药量/片	抑菌圈直径(mm)		
		大肠埃希菌 ATCC25922	金黄色葡萄球菌 ATCC25923	绿脓杆菌 ATCC27853
AMK	30 μg	19～26	20～26	18～26
CLI	2 μg	—	24～30	—
GEN	10 μg	19～26	19～27	16～21
OXA	1 μg	—	18～24	—
PEN	10 U	—	26～37	—
AMS	10/10 μg	20～24	29～37	—
AMP	10 μg	16～22	27～35	—
PIP	100 μg	24～30	—	25～33
FZN	30 μg	29～35	23～29	—
CAZ	300 μg	16～20	25～32	22～29
CIP	5 μg	30～40	22～30	25～33
ATM	30 μg	—	28～36	23～29
FRX	30 μg	20～26	27～35	—
IMP	10 μg	26～32	—	20～28
VAN	30 μg	—	17～21	—
SXT	1.25/23.75 μg	24～32	24～32	—

（3）实验结论

描述金黄色葡萄球菌和大肠埃希菌对五种药物的敏感性。

【思考题】

（1）标准纸片扩散法实验操作时应注意哪些方面?

（2）结合你的药敏实验结果谈谈如何指导临床用药。

【附录】

1. 影响因素

(1) 培养基:应根据实验菌的营养需要进行配制,常用 MH 琼脂培养基。倾注平板时,厚度合适(5～6 mm),不可太薄,一般用 90 mm 直径培养皿,倾注培养基 18～20 mL 为宜。培养基内应尽量避免含有抗菌药物的拮抗物质,如钙、镁离子能减低氨基糖苷类的抗菌活性,胸腺嘧啶核苷和对氨苯甲酸(PABA)能拮抗磺胺药和 TMP 的活性。

(2) 细菌接种量及活力:细菌接种量应恒定,如接种量太多可使抑菌圈变小,而产酶的菌株更可破坏药物的抗菌活性。药敏实验接种的细菌应取对数生长期细菌,以保证细菌活力。

(3) 药物浓度:药物的浓度和总量直接影响抑菌实验的结果,需精确配制。

(4) 培养时间:一般培养温度和时间为 37 ℃、12～24 h,有些抗菌药扩散慢如多黏菌素,可将已放好抗菌药物的平板培养基,先置 4 ℃冰箱中 2～4 h,使抗菌药预扩散,然后再放 37 ℃温箱中培养,可以推迟细菌的生长,而得到较大的抑菌圈。

2. 药敏纸片的中英文对照

阿米卡星(AMK)、克林霉素(CLI)、庆大霉素(GEN)、苯唑西林(OXA)、青霉素(PEN)、氨苄西林/舒巴坦(AMS)、氨苄西林(AMP)、哌拉西林(PIP)、复方新诺明(SXT)、头孢唑啉(FZN)、头孢他啶(CAZ)、环丙沙星(CIP)、氨曲南(ATM)、头孢呋辛(FRX)、亚胺培南(IMP)、万古霉素(VAN)。

二、噬菌体对细菌的裂解作用

【实验目的】

了解细菌的噬菌斑、噬菌体的溶菌现象与溶菌特异性。

【实验材料】

(1) 培养基:牛肉膏蛋白胨培养液、1%琼脂牛肉膏培养基、牛肉膏蛋白胨琼脂斜面。

(2) 器材:灭菌培养皿、灭菌吸管。

【实验内容】

1. 原理

噬菌体是寄生在细菌、放线菌体内的病毒,其专一性很强,如大肠埃希菌的噬菌体只能裂解大肠埃希菌,链霉菌的噬菌体只能裂解链霉菌。噬菌体很小,已超过一般光学显微镜的辨析范围,但通过噬菌体裂解寄主细菌或放线菌这个特点,可使液体培养物的菌液由浊变清,或使含菌的固体培养基上出现透明空斑(噬菌斑)等,均可证明噬菌体的存在。

2. 方法

(1) 取牛肉膏蛋白胨培养液及牛肉膏琼脂斜面一支,接种大肠埃希菌,28~30 ℃ 孵育箱中培养,培养时注意菌液生长的混浊程度。

(2) 将含噬菌体的大肠埃希菌接入上述培养 8 h 的大肠埃希菌培养液中,28~30 ℃振荡培养。由于大肠埃希菌被噬菌体裂解,菌液的混浊度逐渐下降,这时噬菌体的数目不断增加,用此作为噬菌体悬浮液。

(3) 将在牛肉膏琼脂斜面上培养 8 h 的大肠埃希菌加 4~5 mL 的无菌水,制成细菌悬浮液。

(4) 取已熔化并冷至 45~50 ℃的牛肉膏蛋白胨琼脂培养基 10 mL 倒入已灭菌的培养皿中,静置待凝固。取含 1%琼脂的牛肉膏培养基 3~4 mL,熔化后置 45 ℃水浴保温,另外取大肠埃希菌菌液 0.5 mL 及含有噬菌体的大肠埃希菌悬浮液 0.2 mL,与保温未凝固的培养基充分混匀,然后立即倒入已凝固的培养基上作为上层(这种方法称为双层培养),待上层凝固后放在 28~30 ℃下培养 24 h 观察结果。注意平板有无噬菌斑出现并注意观察其形态。

3. 结果

在培养基中有大肠杆菌生长,但其中可见圆形透明的空斑,即该处的大肠杆菌被噬菌体分解所致。

(陈登宇)

实验十一　微生物遗传与变异

微生物中细菌的变异分为表型变异(非遗传性变异)和基因型变异(遗传性变异)。表型变异指细菌遗传物质结构并未改变,只是受外界因素影响,导致随着环境的改变,大多数个体出现变化,这种变化是可逆的,不能稳定传给后代;遗传性变异指细菌遗传性物质结构发生改变,细菌形成新的变种或亚型,且可稳定传给后代。

细菌的变异主要有形态变异、结构变异、菌落变异、抗原变异、毒力变异、耐药性变异等。观察细菌的各种变异情况有助于掌握细菌常见的变异类型,熟悉导致细菌变异的机制,便于实验诊断和临床研究。

任务一　细菌的鞭毛变异现象

【实验目的】

(1) 掌握细菌的鞭毛变异现象。
(2) 熟悉鞭毛变异的机制。
(3) 了解鞭毛变异的诱导方法。

【实验材料】

(1) 过夜生长的变形杆菌普通琼脂斜面培养物 1 支。
(2) 普通的琼脂平板培养基和含有 0.1%石炭酸的琼脂平板培养基各 1 块。
(3) 接种环、酒精灯、打火机、37 ℃孵育箱等。

【实验内容】

1. 原理

细菌的鞭毛变异属于表型变异,细菌鞭毛生长受理化因素的影响。原先适宜细菌生长的培养条件发生改变,细菌鞭毛的生长将受到抑制或丢失,其形态结构出现变化,称为细菌的鞭毛变异;将已发生鞭毛变异的细菌重新置于适宜的培养条件下,其鞭毛的生长又可以恢复,其形态结构也可回复到正常。细菌的鞭毛变异现象可通过人为改变培养条件而得以实现,通常以变形杆菌在不同培养条件下迁徙生长现象变化的实验予以证实。具有鞭毛的变形杆菌在体外培养有形成迁徙生长现象的特性,即细菌在适宜的普通琼脂平板过夜生长,通常不形成单个菌落,而是向周围蔓延呈膜状生长(图 11.1)。当细菌在含有定量的抑菌剂(如 0.1%石炭酸或0.5%胆盐)的非适宜培养基培养生长时,其鞭毛的形成通常受到抑制或丢失,细菌运动功能减弱,不会产生迁徙生长现象,只在接种的部位形成菌落(图 11.2)。根据变形杆菌在不同培养条件下的迁徙生长现象的变化情况,很容易判断出变形杆菌是否发生鞭毛变异。当失去鞭毛的变形杆菌重新接种到适宜的普通琼脂平板上培养生长时,则可重新获得鞭毛,出现细菌的迁徙生长,说明这种鞭毛变异属表型变异,具有可逆性。

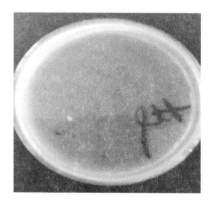

图 11.1　变形杆菌在普通琼脂平板上的迁徙生长现象

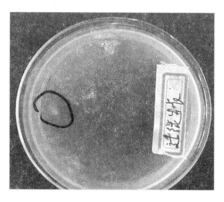

图 11.2　变形杆菌在 0.1%石炭酸的琼脂平板上迁徙生长消失

2. 方法

(1) 用灭菌的接种环蘸取少量过夜生长于普通琼脂斜面的变形杆菌后,分别点种于普通的琼脂平板培养基和含有 0.1%石炭酸的琼脂平板培养基的边缘局部位置。

(2) 将 2 块已经接种好细菌的平板做好标记,倒置于 37 ℃温箱内孵育 24 h,取出后观察 2 块平板上变形杆菌的生长现象的差异,分析变形杆菌的鞭毛变异。

3. 结果

经过夜培养后普通琼脂平板培养基上的变形杆菌呈波纹状迁徙生长,含0.1%石炭酸的琼脂平板上只在点种的局部生长,形成单个菌落,说明变形杆菌鞭毛发生变异。记录本次实验结果并绘图表示,说明出现实验结果的原因。

【注意事项】

(1) 菌种应选用合适的生长时期。

(2) 培养基中的琼脂浓度和石炭酸的浓度将影响对本次实验结果的观察。

(3) 病原微生物接种和结果观察时提醒学生要注意病原生物实验安全。

【思考题】

(1) 将在含 0.1% 石炭酸平板上的变形杆菌重新接种在无石炭酸的普通琼脂平板培养基上过夜培养,其生长现象又会如何? 为什么?

(2) 变形杆菌在下列几种培养基(普通无菌琼脂平板、无菌血琼脂平板、0.1% 石炭酸无菌琼脂平板、无菌麦康凯琼脂平板、无菌 SS 琼脂平板)上过夜培养时,哪几种培养基上能出现迁徙生长现象? 哪几种不能出现迁徙生长现象? 为什么?

(3) 试分析一下变形杆菌在石炭酸无菌琼脂平板上不出现迁徙生长现象的原因。

任务二　细菌的 L 型变异

【实验目的】

(1) 熟悉细菌 L 型的菌体形态。

(2) 了解细菌 L 型的菌落特征。

(3) 了解细菌 L 型的体外人工诱导方法。

【实验材料】

(1) 菌种:金黄色葡萄球菌肉汤培养物。

(2) 培养基:L 型琼脂平板培养基。

(3) 试剂:新型青霉素Ⅱ药敏纸片(40 μg/片)、革兰染色液 1 套、细胞壁染色液 1 套。

(4) 其他:无菌 L 形玻璃棒、接种环、药敏实验专用小镊子、无菌吸管、玻片、37 ℃温箱、Olympus 显微镜等。

【实验内容】

1. 原理

细菌在体内外多种理化因素(如抗菌药物、溶菌酶、胆汁、补体、抗体、亚硝酸盐、紫外线等)作用下,失去细胞壁成分而继续存活,变成细胞壁缺陷型细菌,称为细菌的 L 型。细菌变成 L 型后可导致菌体形态、结构、染色性、培养性、抗原性、生化反应、致病性及菌落等多种性状发生改变,这种变异称为细菌的 L 型变异。在形态、结构上变异主要表现为形态的多样性,有圆球体、丝状体、原生小体等形态。染色性变异表现为革兰阳性变成革兰阴性。培养性变异表现为在等渗透压培养基中不能生存,必须在高渗透压低琼脂含血清培养基中才能生长。抗原性、生化反应、致病性变异主要表现为相应性状减弱或消失。菌落变异表现为细菌性菌落(光滑型、黏液型、粗糙型)变成 L 型细菌菌落(油煎蛋型、丝状型、颗粒型)。细菌 L 型变异可以是遗传性变异,也可以是表型变异,去除诱发因素后,有些 L 型可回复为原菌,有些则不能回复。细菌 L 型最常用的人工诱导剂是溶菌酶和青霉素。细菌体外经人工诱导剂诱导后变成 L 型菌落,需要在高渗透压 L 型琼脂培养基上才能生长,表现与原菌不同的形态结构及菌落特性。

2. 方法

(1) 取无菌 L 型琼脂平板 1 块(L 型琼脂平板制备见附录),用无菌吸管吸取金黄色葡萄球菌肉汤培养物 1 滴,点加于培养基的表面。

(2) 用无菌的 L 形玻璃棒将金黄色葡萄球菌的菌液均匀地涂布于培养基表面。

(3) 用灭菌的小镊子夹取新型青霉素 II 纸片 1 片,贴布于培养基的表面,操作方法同药敏纸片的贴布,详见抗菌药物敏感性实验。

(4) 贴好药敏纸片的培养基置于 37 ℃ 温箱中孵育 1～2 天,每日观察抗生素纸片周围抑菌圈内有无细菌 L 型的生长。若有细菌生长用低倍镜观察细菌 L 型的菌落特点。

(5) 若发现细菌 L 型菌落,取菌落中心涂片,分别做革兰染色和细胞壁染色。油镜观察细菌 L 型的形态和染色性。

3. 结果

细菌 L 型的菌落可有以下三种(图 11.3):

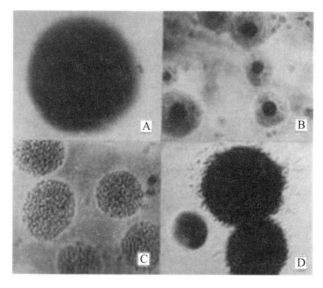

图 11.3　细菌 L 型菌落

A. 细菌原型菌落;B. L 型菌落;C. G 型菌落;D. F 型菌落

（1）L型：细菌L型的典型菌落，呈油煎荷包蛋样，菌落中心致密，较厚，透光度低，周边较疏松，由透明颗粒组成，较宽。

（2）G型：呈颗粒样，菌落无核心，由透明颗粒组成。

（3）F型：呈丝状样，油煎荷包蛋样菌落周边有透明菌丝。

细菌L型的形态呈多形性，有丝状、圆球体及巨球体等。染色性可由革兰阳性变成革兰阴性。细胞壁染色发现细菌细胞壁有不同程度的缺陷、菌体浓染（图11.4）。

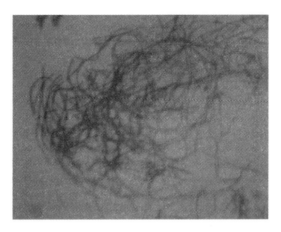

图11.4　细菌L型形态

观察金黄色葡萄球菌L型的形态，记录以下方面：

（1）记录金黄色葡萄球菌L型的诱导方法。

（2）观察并记录金黄色葡萄球菌L型的菌落特点。

（3）观察并画出金黄色葡萄球菌L型的镜下形态，记录细胞壁染色结果。

【注意事项】

（1）应选用合适生长时期的菌种。

（2）无菌的高渗培养基渗透压配制效果。

（3）药敏纸片的浓度及有效期。

（4）药敏纸片贴布的实验技能。

（5）细菌孵育时间应相应延长。

（6）细菌L型菌落和形态观察应仔细，注意非典型的菌落和形态。

【思考题】

（1）细菌产生L型变异的原因有哪些？

（2）细菌L型孵育菌落观察为何要延长时间？

（3）有一名临床被怀疑为败血症的患者，反复常规细菌培养始终呈阴性，从细菌变异的角度，应考虑为何种原因？

(4) 细菌变为 L 型后为何形态呈多样性？

任务三　R 质粒接合传递实验

【实验目的】

(1) 熟悉细菌接合的原理。

(2) 了解细菌接合的结果。

(3) 了解细菌耐药性产生与 R 质粒的关系。

【实验材料】

(1) 菌种：供体菌，多重耐药痢疾杆菌 D15 株（耐四环素、氯霉素、链霉素）；受体菌，大肠埃希菌 1 485 株（耐利福平）。

(2) 培养基：无菌肉汤培养基；无菌中国蓝琼脂平板培养基；无菌中国蓝药物琼脂平板培养基（内含氯霉素 20 μg/mL、利福平 100 μg/mL），中国蓝琼脂平板及中国蓝药物琼脂平板的制备方法见附录。

(3) 无菌吸管、试管、接种环、酒精灯、37 ℃温箱、记号笔等。

【实验内容】

1. 原理

细菌通过性菌毛相互连接沟通，将遗传物质从供体菌传递给受体菌的方式称为接合。受体菌接受了供体菌的遗传物质称为"接合子"，常导致受体菌发生遗传性变异，此变异可稳定存在并传给子代。质粒是最常被传递的遗传物质，以接合方式转移的质粒称为接合性质粒，主要包括 F 质粒和 R 质粒。R 质粒又称耐药性质粒，通过接合方式可以在同种属或不同种属细菌间传递，在革兰阴性菌中最为突出，造成细菌耐药性的扩散。痢疾杆菌耐药株通过性菌毛将 R 质粒传递给大肠埃希菌敏感株，使大肠埃希菌获得 R 质粒形成接合子，表现为对特定抗菌药物耐药，在含有特定抗菌药物的中国蓝培养基上生长并被选择出来，从而证实 R 质粒通过细菌接合方式获得传递。R 质粒在多种细菌间通过接合方式传递，造成耐药菌株的不断增多，给临床感染性疾病的治疗带来很多困难，若能及时发现 R 质粒将其消除，可限制耐药性菌株的扩散。

2. 方法

(1) 将供体菌和受体菌分别接种于中国蓝平板培养基上，在 37 ℃温箱中孵育 16～18 h。

（2）取孵育后的供体菌和受体菌分别转种于 1 mL 无菌肉汤培养基中,在 37 ℃温箱中孵育 5～6 h。

（3）无菌吸管吸取供体菌、受体菌菌液各 2 滴,滴加于 1 mL 无菌肉汤培养基中,混匀,置于 37 ℃水浴箱中接合 2 h(此为混合菌液,即接合子)。

（4）在含有药物的无菌中国蓝平板的背面用记号笔将其分为 3 个区域(图 11.5)。

（5）用无菌吸管吸取上述混合菌液(接合子)、供体菌菌液和受体菌菌液各 0.05 mL,分别接种于含有药物的中国蓝平板上的相应部位,各菌种之间不能有交叉。

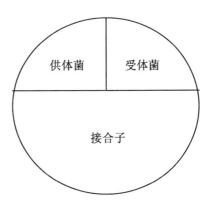

图 11.5　R 质粒接合传递实验药物平板接种区域示意图

（6）将接种好菌液的中国蓝药物平板置于 37 ℃温箱中 16～18 h,取出后观察各区细菌的生长现象并做记录。

3. 结果

中国蓝药物琼脂平板中同时含有氯霉素和利福平两种抗菌药物,供体菌痢疾杆菌 D15 株对利福平敏感,不能生长,表现为供体菌区域无细菌生长;受体菌大肠埃希菌 1 485 株对氯霉素敏感,也不能生长,表现为受体菌区域无细菌生长;接合子是接受供体菌耐药性的大肠埃希菌,对氯霉素和利福平同时耐药,可以生长,表现为接合子区域有细菌生长。接合子区域细菌生长表明 R 质粒通过性菌毛在痢疾杆菌 D15 株和大肠埃希菌 1 485 株间传递,造成大肠埃希菌新的耐药株出现。

【思考题】

（1）分析实验结果,简述 R 质粒传递的临床意义。

（2）如何证实接合子是接受痢疾杆菌耐药性的大肠埃希菌而不是接受大肠埃希菌耐药性的痢疾杆菌(参见肠道杆菌有关实验)?

（3）若想使痢疾杆菌 D15 株对利福平耐药应如何处理?

【注意事项】

（1）供体菌和受体菌质量和性能良好。

（2）中国蓝药物琼脂平板抗菌药物浓度及有效期。

（3）三种细菌接种中国蓝药物琼脂平板各区域间不能交叉。

【附录】

1. 细胞壁染色法

（1）染色液:A 液,10% 的鞣酸溶液(称取 10 g 鞣酸溶于 100 mL 蒸馏水中);

B 液,0.5%的结晶紫溶液(称取 0.5 g 结晶紫溶于 100 mL 95%乙醇中制成结晶紫溶液)。

(2)染色方法:① 细菌涂片,干燥后,切勿用火焰固定。② 滴加 A 液,染色 15 min,细水流水洗。③ 滴加 B 液,染色 3～5 min,细水流水洗,吸水纸吸干水分,油镜镜下观察。

2. 细菌 L 型培养基配制

(1)成分:牛肉浸出液 800 mL、蛋白胨 20 g、氯化钠 50 g、琼脂 80 g、无菌血浆 200 mL。

(2)制法:将除血浆外的各种材料(表 11.1)溶解后调节 pH 至 7.4,103.43 kPa 高压蒸汽灭菌 15 min,冷却至 56 ℃,加入无菌血浆,混匀后倾注法分装于无菌平皿中即可。

表 11.1　细菌 L 型培养基成分表

成分	分量
牛肉浸出液	800 mL
蛋白胨	20 g
氯化钠	50 g
琼脂	80 g
无菌血浆	200 mL

3. 中国蓝琼脂培养基的配制

(1)成分:无糖肉膏汤琼脂(pH 7.4) 100 mL、乳糖 1 g、灭菌 10 g/L 中国蓝水溶液 0.5～1 mL 10 g/L 玫瑰红酸乙醇溶液 1 mL。

(2)制法:将 1 g 乳糖加入已灭菌的肉膏汤琼脂瓶内,加热熔化琼脂并混匀,待冷至 50 ℃左右,加入中国蓝、玫瑰红酸两溶液混匀,立即倾注平皿,凝固后备用。

4. 中国蓝药物琼脂培养基的配制

(1)成分:无糖肉膏汤琼脂(pH 7.4) 100 mL、乳糖 1 g、灭菌 10 g/L 中国蓝水溶液 0.5～1 mL、10 g/L 玫瑰红酸乙醇溶液 1 mL、2 g/L 氯霉素溶液 1 mL、10 g/L 利福平溶液 1 mL。

(2)制法:将 1 g 乳糖加入已灭菌的肉膏汤琼脂瓶内,加热熔化琼脂并混匀,待冷至 50 ℃左右,加入中国蓝水溶液、玫瑰红酸乙醇溶液、氯霉素溶液、利福平溶液混匀,立即倾注平皿,凝固后备用。

(陈登宇)

实验十二　环境中微生物检测

微生物是我们用肉眼不能直接看到的微小生物,似乎离我们很遥远。但是,如果我们能仔细地观察身边的事物,微生物又与我们的生活密切相关,其广泛地分布在外界环境中。为验证微生物的分布状况和分布条件,进行以下实验。

任务一　空气中微生物的分布及检测

由于空气中缺少微生物生长的营养物质及适宜的生长温度,微生物不能繁殖,并且因紫外线和干燥的作用,大量微生物在空气中不能长期存活,只有抵抗力较强的微生物才能在空气中长期存活。

【实验目的】

(1) 了解微生物在空气中的分布及检测。

(2) 熟悉无菌操作技术。

【实验材料】

普通琼脂无菌平板、细菌培养箱。

【实验内容】

1. 方法

自然沉降法。根据现场的大小,选择有代表性的位置设采样点,离地高度为 1.2～1.5 m。一般在室内四角及中央各放平板一块,同一时间打开皿盖,暴露于空气中 5～20 min,盖上皿盖。在其底部注明标本采集地点和时间,尽快将其放入 37 ℃ 细菌培养箱中培养 18～24 h,取出后观察培养基上的菌落数量及其特征。

2. 结果

(1) 微生物菌落数计数:计数 5 个平板菌落的平均数,结果以 CFU/皿表示,如表 12.1 所示。

表 12.1　空气中微生物分布的实验结果

检查材料	菌落个数(CFU/皿)	菌落特征	可疑菌落特征
空气			

(2) 细菌菌落性状观察:观察平板培养基表面菌落种类、大小、颜色差异,以及可疑菌落特征等,如图 12.1(a),图 12.1(b)所示。

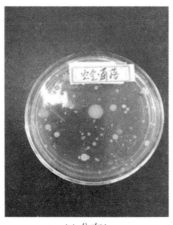
(a) 分布1

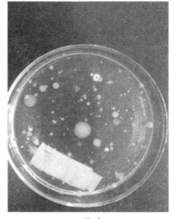
(b) 分布2

图 12.1　空气中的微生物分布

【注意事项】

(1) 平皿直径不宜小于 9 cm。

(2) 选择采样点时应尽量避开空调、门窗等气流变化较大之处,采样期间禁止人员走动。整个过程应注意无菌操作。

(3) 采样中打开平皿时,可将皿盖扣置于皿底之下,切忌皿盖向上暴露于空气中,影响采样结果。采样结束时,应按开启皿盖的顺序盖上皿盖。

【思考题】

(1) 计数不同地点空气中的细菌菌落数,并描述其特征。

(2) 结合实验结果,谈谈如何在实验中避免微生物的污染?

【知识拓展】

(1) 空气中细菌污染指标:测定 1 m³ 空气中细菌总数和链球菌数作为细菌污染空气指标。

（2）每立方米空气中所含细菌数：奥梅梁斯基认为100 mm²琼脂面积上,5 min所降落的菌落数,相当于10 L空气中所含的细菌数,因此,可用下列公式计算出每立方米空气中所含的细菌数：

每立方米菌落数(CFU/m³) = 1 000 ÷ [(A/100) × t × (10/5)] × N = 50 000 N/At

式中,A——所用平皿面积(cm²)；

　　　t——暴露于空气时的时间(min)；

　　　N——培养后,平皿上的菌落数。

任务二　水中细菌的分布及测定

水也是微生物存在的天然环境,水中的细菌来自土壤、尘埃、污水、人畜排泄物及垃圾等。水中微生物种类及数量因水源不同而异。一般地面水比地下水含菌数量多,并易被病原菌污染,水中的病原菌如伤寒杆菌、痢疾杆菌、霍乱弧菌、钩端螺旋体等主要来自人和动物的粪便及污染物。水中的病原菌直接检查是比较困难的,常用测定细菌总数和大肠菌群数来判断水的污染程度,目前我国规定生活饮用水的标准为1 mL水中细菌总数不超过100个,每100 mL水中总大肠菌群数不得检出,超过此数,表示水源可能受粪便等污染严重,水中可能有病原菌存在。

一、水中细菌总数的测定

【实验目的】

（1）了解水样的采取方法和水样细菌总数测定的方法。
（2）了解水源水的平板菌落计数的原则。

【实验材料】

（1）培养基：牛肉膏蛋白胨琼脂培养基、无菌水。
（2）其他：灭菌三角烧瓶、灭菌的带玻璃塞瓶、灭菌培养皿、灭菌吸管、灭菌试管等。

【实验内容】

1. 方法

（1）水样的采取

① 自来水：先将自来水龙头用火焰烧灼3 min灭菌,再拧开水龙头流水5 min,

以排除管道内积存的死水,随后用已灭菌的三角瓶接取水样,以供检测。

② 池水、河水或湖水:应取距水面 10~15 cm 的深层水样,先将灭菌的带玻璃塞瓶,瓶口向下浸入水中,然后翻转过来,除去玻璃塞,水即流入瓶中,盛满后,将瓶塞盖好,再从水中取出,最好立即检查,否则需放入冰箱中保存。

(2) 细菌总数测定

① 自来水中细菌总数测定:用灭菌吸管吸取 0.5 mL 水样,注入一块灭菌培养皿中,并以同样方法加做一块重复。然后,每块平板分别倾注约 15 mL 已溶化并冷却到 45 ℃ 左右的牛肉膏蛋白胨琼脂培养基,并立即在桌上作平面旋摇,使水样与培养基充分混匀。另取一空的灭菌培养皿,倾注牛肉膏蛋白胨琼脂培养基 15 mL 作空白对照。培养基凝固后,置于 37 ℃ 温箱中培养 24 h,进行菌落计数。两个平板的平均菌落数即为 1 mL 水样的细菌总数。

② 池水、河水或湖水等水中细菌总数测定:a. 倍比稀释水样。取 4 个灭菌空试管,分别加入 9 mL 灭菌水。取 1 mL 水样注入第一管 9 mL 灭菌水内,摇匀,再自第一管取 1 mL 至下一管灭菌水内,如此稀释到第三管,从第三管取 1 mL 弃掉,第四管做对照管,则前三管稀释度分别为 10^{-1}、10^{-2} 与 10^{-3}。一般稀释倍数根据水样污浊程度而定,以培养后平板的菌落数在 30~300 个之间的稀释度最为合适,若三个稀释度的菌数均多到无法计数或少到无法计数,则需继续稀释或减小稀释倍数,具体见表 12.2。一般中等污秽水样:取 10^{-1}、10^{-2}、10^{-3} 三个连续稀释度,污秽严重的取 10^{-2}、10^{-3}、10^{-4} 三个连续稀释度。b. 自最后三个稀释度的试管中各取 1 mL 稀释水加入空的灭菌培养皿中,每一稀释度做两个培养皿。c. 各倾注 15 mL 已溶化并冷却至 45 ℃ 左右的肉膏蛋白胨琼脂培养基,立即放在桌上摇匀。d. 凝固后置于 37 ℃ 培养箱中培养 24 h。具体步骤如图 12.2 所示。

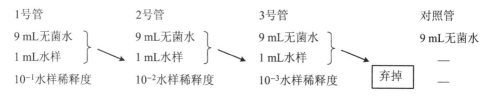

1号管	2号管	3号管	对照管
9 mL无菌水	9 mL无菌水	9 mL无菌水	9 mL无菌水
1 mL水样	1 mL水样	1 mL水样	—
10^{-1}水样稀释度	10^{-2}水样稀释度	10^{-3}水样稀释度	弃掉 —

图 12.2　水样倍比稀释示意图

2. 结果

菌落计数方法的步骤如下:

(1) 先计算相同稀释度的平均菌落数。若其中一个平板有较大片状菌苔生长时,则不应采用,而应以无片状菌苔生长的平板作为该稀释度的平均菌落数。若片状菌苔的大小不到平板的一半,而其余一半的菌落分布又较均匀时,则可将此一半平皿中的菌落数乘 2 以代表全平板的菌落数,然后再计算该稀释度的平均菌落数。

(2) 首先选择平均菌落数在 30~300 之间的,当只有一个稀释度的平均菌落数符合此范围时,则以该平均菌落数乘其稀释倍数即为该水样的细菌总数(见表

12.2,例1)。

（3）若有两个稀释度的平均菌落数均在 30～300 之间,则按两者菌落总数之比值来决定。若其比值小于 2,应采取两者的平均数;若大于 2,则取其中较小的菌落总数(见表 12.2,例 2 及例 3)。

（4）若所有稀释度的平均菌落数均大于 300,则应按稀释度最高的平均菌落数乘以稀释倍数来决定(见表 12.2,例 4)。

（5）若所有稀释度的平均菌落数均小于 30,则应按稀释度最低的平均菌落数乘以稀释倍数来决定(见表 12.2,例 5)。

（6）若所有稀释度的平均菌落数均不在 30～300 之间,则以最近 300 或 30 的平均菌落数乘以稀释倍数来决定(见表 12.2,例 6)。

表 12.2　计算菌数落总数方法举例

例次	不同稀释的平均菌落数			两个稀释度菌落数之比	菌落总数(个／mL)	报告方式
	10^{-1}	10^{-2}	10^{-3}			
1	1 365	164	20	—	16 400 或 $1.6×10^4$	16 000 或 $1.6×10^4$
2	2 760	295	46	1.6	37 750 或 $3.8×10^4$	38 000 或 $3.8×10^4$
3	2 890	271	60	2.2	27 100 或 $2.7×10^4$	27 000 或 $2.7×10^4$
4	无法计数	1 650	513		513 000 或 $5.1×10^5$	510 000 或 $5.1×10^5$
5	27	11	5	—	270 或 $2.7×10^2$	270 或 $2.7×10^2$
6	无法计数	305	12	—	30 500 或 $3.1×10^4$	31 000 或 $3.1×10^4$
7	150	30	8	2.0	1 500 或 $1.5×10^3$	1 500 或 $1.5×10^3$
8	0	0	0		$<1×10$	<10

根据实验结果,观察水样中细菌的菌落特征,并结合表 12.2 填写表 12.3、表 12.4。

表 12.3　自来水中菌落数及细菌总数

平板	菌落数	1 mL 自来水中细菌总数
1		
2		

表 12.4 池水、河水或湖水等水样中细菌数统计

稀释度	10^{-1}		10^{-2}		10^{-3}	
平板	1	2	1	2	1	2
菌落数						
平均菌落数						
计算方法						
细菌总数/mL						

【注意事项】

（1）实验开始前，首先要将各稀释管、相应平皿做好标记，包括：水样名称、稀释度、时间、小组。

（2）进行水样稀释时，更换吸管的顺序是：每支吸管吹打混匀本稀释度水样，并吸取 1 mL 水样注入下一支无菌试管后（最好不要插入无菌水中）即弃去，再用新的吸管在下一稀释度重复上述操作。

（3）预先加热熔化的琼脂可放入 45 ℃ 水浴中保温。

（4）倾入琼脂混匀，放置 30 min 冷却后，皿盖朝下，倒置放入培养箱中培养。

【思考题】

（1）利用本实验方法是否可测得水样中的全部细菌？

（2）本方法为什么主要是检测细菌菌落数，而不是霉菌或酵母菌？

（3）菌落总数主要作为判定被检水样被污染程度的标志，以便在水质进行卫生学评价时提供依据，能否根据菌落数高低，判断被检样品的致病性强弱？

【知识拓展】

（1）病原微生物对人类生产和生活危害极大，因此检测饮用水中微生物污染具有极其重要的意义。但是目前普遍采用的检测方法大多还是基于培养技术，灵敏性有限，费时费力，且不能检测不可培养的活菌。基于分子生物学的检测方法是一个主流方向，尽管还不能完全取代常规培养方法，但其可显著地提高快速检测微生物的能力，尤其是对难培养的和未被培养的微生物进行检测。

（2）在目前发展的分子生物学技术中，以细胞培养/逆转录酶链式反应（ICC/RT—PCR）能检测有侵染能力的病毒，ICC/RT—PCR 结合了细胞培养和分子生物学方法的优点。NASBA 中文注释技术是一项以 RNA 为模板的快速等温扩增技术，这项技术特别适用于 RNA 分子的检测，速度快、成本低并且实现了全自动检测的诊断系统，更重要的是此高效灵敏的设备适用于资源有限的高感染区。

DGGE 中文注释技术基于 16SrRNA 序列,能区分即使只有一对碱基差异的序列,已成为研究微生物类群强有力的工具。FISH 技术结合了分子生物学的精确性和显微镜的可视性信息,可以在自然生境中监测和鉴定不同的微生物个体。

【附　录】

牛肉膏蛋白胨琼脂培养基的配制

(1) 成分:牛肉膏 5 g、蛋白胨 10 g、氯化钠 5 g、琼脂 20 g、蒸馏水 1 000 mL。

(2) 制法:将以上成分溶化后调 pH 7.0～7.2,过滤、分装包口后置压力蒸汽灭菌锅中,于 1.05 kg/cm², 121.3 ℃下灭菌 20 min。

二、水中大肠菌群的检测

【实验目的】

(1) 学习并掌握滤膜法检测水中的大肠菌群。

(2) 掌握平板计数法测定菌落总数。

(3) 了解大肠菌群数量与水质状况的关系。

【实验材料】

(1) 培养基:复红亚硫酸钠培养基(远藤氏培养基)、乳糖蛋白胨半固体培养基、乳糖蛋白胨培养液、三倍浓乳糖蛋白胨培养液、伊红美蓝培养基(EMB 培养基)。

(2) 器材:微孔滤膜(孔径 0.45 µm)、滤器(容量 500 mL)、抽气设备、镊子、发酵用试管、杜氏小管、培养皿、刻度吸管或移液管、接种环、酒精灯。

【实验内容】

(一) 滤膜法

1. 方法

(1) 水样的采集

① 自来水:将自来水龙头用火焰烧灼 3 min 灭菌,再拧开水龙头流水 5 min,以排除管道内积存的死水,随后用已灭菌的三角瓶接取水样,以供检测。

② 池水、河水或湖水:将无菌的带玻璃塞的小口瓶浸入距水面 10～15 cm 深的水层中,瓶口朝上,除去瓶塞,待水流入瓶中装满后,盖好瓶塞,取出后立即进行检测,或临时存于冰箱,但不能超过 24 h。

(2) 大肠菌群的检测

① 用无菌镊子将一无菌滤膜置于滤器的承受器当中,将过滤杯装于滤膜承受

器上,旋紧,使接口处能密封,将真空泵与滤器下部的抽气口连接。

② 加水样 100 mL 于滤杯中,启动真空泵,使水通过滤膜流到下部,水中的细菌被截留在滤膜上。水样用量可适当增减使获得菌落适量。

③ 用无菌镊子小心将截留有细菌的滤膜取出,平移贴于复红亚硫酸钠固体培养基上(注意无菌操作,滤膜与培养基间贴紧,无气泡),在 37 ℃下培养 16～18 h。挑选深红色或紫红色、带有或不带金属光泽的菌落,或淡红色、中心色较深的菌落进行涂片和革兰氏染色观察。

④ 经染色证实为革兰氏阴性无芽孢杆菌者,再接种在乳糖蛋白胨半固体培养基上,在 37 ℃下培养 6～8 h 后观察,发酵乳糖产气者证实为大肠菌群阳性。培养中应及时观察,避免培养时间过长则气泡消失。

2. 结果

水样中总大肠菌群数可以按照以下的公式来计算:

水样中总大肠菌群数 =(滤膜生长的菌落数/过滤水样量)×1000

注意:滤膜上菌落数以 20～60 个/片较为适宜。

(1) 微孔滤膜法过滤水样量(mL)。

(2) 37 ℃培养后特征菌落数。

(3) 接种乳糖培养基后的阳性管数。

(4) 总大肠菌群数(个/L)。

(二) 多管发酵法

1. 方法

(1) 取 5 支装有 3 倍浓度乳糖蛋白胨培养基的初发酵管,每管分别加入水样 10 mL。另取 5 支装有乳糖蛋白胨培养基的初发酵管,每管分别加入水样 1 mL。再取 5 支装有乳糖蛋白胨培养基的初发酵管,每管分别加入按 1∶10 稀释的水样 1 mL(即相当于原水样 0.1 mL),均贴好标签。此即为 15 管法,接种待测水样量共计 55.5 mL。各管摇匀后在 37 ℃恒温箱中培养 24 h。

若待测水样污染严重,可按上述 3 种梯度将水样稀释 10 倍(即分别接种原水样 1 mL、0.1 mL、0.01 mL),甚至 100 倍(即分别接种原水样 0.1 mL、0.01 mL、0.001 mL),以提高检测的准确度。此时,不必用 3 倍浓度乳糖蛋白胨培养基,全用乳糖蛋白胨培养基。

(2) 取出培养后的发酵管,观察管内发酵液颜色变为黄色者记录为产酸,杜氏小管内有气泡者记录为产气。将产酸产气和只产酸的两类发酵管分别划线接种于伊红美蓝培养基上,在 37 ℃恒温箱中培养 18～24 h。挑选深紫黑色和紫黑色带有或不带有金属光泽的菌落,或淡紫红色和中心色较深的菌落,将其一部分分别取样进行涂片和革兰氏染色观察。

(3) 经镜检证实为革兰氏阴性无芽孢杆菌,则将此菌落的另一部分接种于装有倒置杜氏小管的乳糖蛋白胨培养液的复发酵管中,每管可接种同一发酵管的典型菌落 1~3 个,37 ℃培养 24 h,若为产酸产气者表明试管内有大肠菌群菌存在,记录为阳性管。

（4）根据 3 个梯度（10 mL、1 mL、0.1 mL）每 5 支管中出现的阳性管数（即为数量指标），查附注的"15 管发酵法水中大肠菌群 5 次重复测数统计表"（表 12.5）的细菌最可能数,再乘以 100 即换算成 1 升水样中的总大肠菌群数。

表 12.5　15 管发酵法水中大肠菌群 5 次重复测数统计表

数量指标[*]	细菌最可能数	数量指标	细菌最可能数	数量指标	细菌最可能数	数量指数	细菌最可能数
000	0.0	203	1.2	400	1.3	513	8.5
001	0.2	210	0.7	401	1.7	520	5.0
002	0.4	211	0.9	402	2.0	521	7.0
010	0.2	212	1.2	403	2.5	522	9.5
011	0.4	220	0.9	410	1.7	523	12.0
012	0.6	221	1.2	411	2.0	524	15.0
020	0.4	222	1.4	412	2.5	525	17.5
021	0.6	230	1.2	420	2.0	530	8.0
030	0.6	231	1.4	421	2.5	531	11.0
100	0.2	240	1.5	422	3.0	532	14.0
101	0.4	300	0.8	430	2.5	533	17.5
102	0.6	301	1.1	431	3.0	534	20.0
103	0.8	302	1.4	432	40	535	25.0
110	0.1	310	1.1	440	3.5	540	13.0
111	0.3	311	1.1	441	4.9	541	17.0
112	0.5	312	1.7	450	4.0	542	25.0
120	0.3	313	2.0	451	5.0	543	30.3
121	0.5	320	1.4	500	2.5	544	35.0
122	1.0	321	1.7	501	3.0	545	45.0
130	0.5	322	2.0	502	4.0	550	25.0
131	1.0	330	1.7	503	6.0	551	35.0
140	1.1	331	2.0	504	7.5	552	60.0
200	0.2	340	2.0	510	3.5	553	90.0
201	0.7	341	2.5	511	4.5	554	160.0
202	0.9	350	2.5	512	6.0	555	180.0

[*] 数量指标示意:如"203",表示 5 个 10 mL 初发酵管中有阳性管 2 个,5 个 1 mL 初发酵管中有阳性 0 个,5 个 0.1 mL 初发酵管中有阳性管 3 个;又如"555",则表示 15 个初发酵管均为阳性管。

2. 结果

根据实验数据查表 12.5,多管发酵法结果填于表 12.6 中。

表 12.6　多管发酵法结果

初发酵管			复发酵管数	阳性管数
初发酵管数	每管取样数/ mL	产酸产气管数		
5	10			
5	1			
5	0.1			

【注意事项】

(1) 认真配制不同类型培养基。

(2) 检测中应合理控制所加的水样量。

(3) 在滤膜法中每片滤膜的菌落数以 20～60 个为宜。多管发酵法中水样稀释比例要适宜。

(4) 挑选菌落时应认真选择大肠菌群典型菌落。

【思考题】

(1) 检查饮用水中的大肠菌群有何意义? 比较本实验中两种检测方法的优缺点。

(2) 试设计一个监测某自来水厂水质卫生状况的方案。

(3) 试图解说明检测水样中大肠菌群的操作过程。

【知识拓展】

(1) 滤膜法是采用滤膜过滤器过滤水样,使其中的细菌截留在滤膜上,然后将滤膜放在适当的培养基上进行培养,大肠菌群可直接在膜上生长,从而可直接计数。所用滤膜是一种多孔硝化纤维膜或乙酸纤维膜,其孔径约为 0.45 μm。

(2) 国家标准委和卫生部联合发布的《生活饮用水卫生标准》(GB 5749—2006)(下称"新《标准》")为强制性国家标准,于 2007 年 7 月 1 日起实施。最新标准中,微生物学指标由 2 项增至 6 项,增加了对蓝氏贾第鞭毛虫、隐孢子虫等易引起肠道疾病且一般消毒方法很难全部杀死的微生物的检测,但还不包括病毒指标。常规检验项目增加了耐热大肠菌群 1 项,对总大肠菌群和细菌总数指标进行了更严格的规定。总大肠菌群以前的标准是 1 L 水不得超过 3 个,现在为 100 mL 水样中不得检出。非常规检测项目中增加了粪型链球菌群、蓝氏贾第鞭毛虫、隐孢子虫 3 项。

【附录】

1.复红亚硫酸钠培养基(远藤氏培养基)的配制(用于水体中大肠菌群测定)

(1)成分:蛋白胨 10 g、牛肉浸膏 5 g、酵母浸膏 5 g、琼脂 20 g、乳糖 10 g、K_2HPO_4 0.5 g、无水亚硫酸钠 5 g、5%碱性复红乙醇溶液 20 mL、蒸馏水 1 000 mL。

(2)制法:先将蛋白胨、牛肉浸膏、酵母浸膏和琼脂加入到 900 mL 水中,加热溶解,再加入 K_2PO_4,溶解后补充水至 1 000 mL,调 pH 7.2~7.4。随后加入乳糖,混匀溶解后,于 115 ℃湿热灭菌 20 min。再称取亚硫酸钠至一无菌空试管中,用少许无菌水使其溶解,在水浴中煮沸 10 min 后,立即滴加于 20 mL 5%碱性复红乙醇溶液中,直至深红色转变为淡粉红色为止。将此混合液全部加入到上述已灭菌的并仍保持熔化状态的培养基中,混匀后立即倒置平板,待凝固后存放冰箱中备用,若颜色由淡红变为深红,则不能再用。

2.乳糖蛋白胨半固体培养基的配制(用于水体中大肠菌群测定)

(1)成分:蛋白胨 10 g、牛肉浸膏 5 g、酵母膏 5 g、乳糖 10 g、琼脂 5 g、蒸馏水 1 000 mL。

(2)制法:调 pH 至 7.2~7.4,分装试管(10 mL/管),115 ℃湿热灭菌 20 min。

3.乳糖蛋白胨培养液的配制(用于多管发酵法检测水体中大肠菌群)

(1)成分:蛋白胨 10 g、牛肉膏 3 g、乳糖 5 g、NaCl 5 g、蒸馏水 1 000 mL、1.6%溴甲酚紫乙醇溶液 1 mL。

(2)制法:调 pH 至 7.2,分装试管(10 mL/管),并放入倒置杜氏小管中,在115 ℃下湿热灭菌 20 min。

4.三倍浓乳糖蛋白胨培养液的配制(用于水体中大肠菌群测定)

(1)成分:将上述乳糖蛋白胨培养液中各营养成分扩大 3 倍加入到 1 000 mL水中。

(2)制法:制法同上,分装于放有倒置杜氏小管的试管中,每管 5 mL,115 ℃湿热灭菌 20 min。

5.伊红美蓝培养基的配制(又称 EMB 培养基,用于水体中大肠菌群测定和细菌转导)

(1)成分:蛋白胨 10 g、乳糖 10 g、K_2HPO_4 2 g、琼脂 25 g、2%伊红 Y(曙红)水溶液 20 mL、0.5%美蓝(亚甲蓝)水溶液 13 mL。

(2)制法:先将蛋白胨、乳糖、K_2HPO_4 和琼脂混匀,加热溶解后,调 pH 至 7.4,115 ℃湿热灭菌 20 min,然后加入已分别灭菌的伊红液和美蓝液,充分混匀,防止产生气泡。待培养基冷却到 50 ℃左右时倒置平皿,如培养基太热会产生过多的凝集水,可在平板凝固后倒置存于冰箱中备用。在细菌转导实验中用半乳糖代替乳糖,其余成分不变。

任务三　土壤微生物数量的测定

土壤中微生物的数量种类繁多,有细菌、真菌、放线菌等,因此必须取少量样品制成土壤悬液,然后稀释,采用平板培养菌落计数法测定土壤中微生物的数量。

【实验目的】

掌握环境土壤微生物数量测定的方法。

【实验材料】

土样、牛肉膏琼脂培养基、高氏 1 号培养基、马丁氏固体培养基、天平、移液管、锥形瓶、试管、量筒、培养皿、烧杯、蒸馏水等。

【实验内容】

1. 方法

(1) 土壤稀释液制备

① 取土壤:取表层以下 5~10 cm 处的土壤样品,放入灭菌的袋中备用或放在 4 ℃冰箱中暂存。

② 制土壤悬液:取土样 0.5 g,迅速倒入带玻璃珠的无菌水瓶中(玻璃珠用量以充满瓶底为最好),振荡 5~10 min,使土样充分打散,即成 10^{-2} 的土壤悬液。

③ 稀释:用无菌移液管吸 10^{-2} 的土壤悬液 0.5 mL,放入 4.5 mL 无菌水中,即为 10^{-3} 的稀释液,如此重复,可依次制成 10^{-3}~10^{-7} 的稀释液(注意:操作时管尖不能接触液面,每一个稀释度换一支移液管,每次吸土液,要将移液管插在液面,吹吸 3 次,每次吸上的液面要高于前一次,以减少稀释中的误差)。如图 12.3 所示。

(2) 混合菌测定菌落数的方法

① 细菌:取 10^{-6}、10^{-7} 两管稀释液各 1 mL,分别接入相应标号的平皿中,每个稀释度接两个平皿。然后取冷却至 50 ℃的牛肉膏琼脂培养基,分别倒入以上培养皿中(装量以铺满皿底的 2/3 为宜),迅速轻轻摇动平皿,使菌液与培养基充分混均,但不沾湿皿的边缘,待琼脂凝固即成细菌平板,倒平板时注意无菌操作。

② 放线菌:取 10^{-3}、10^{-4} 两管稀释液,在每管中加入 10%酚液 5~6 滴,摇匀,静置片刻,然后分别从两管吸出 1 mL 加入相应标号的平皿中,选用高氏 1 号培养基,用与细菌相同的方法倒入平皿中,便可制成放线菌平板。

③ 霉菌:取 10^{-2}、10^{-3} 两管稀释液各 1 mL,分别接入相应的平皿中,每个稀释度接两个平皿。在熔好的马丁氏固体培养基中,每 100 mL 加入灭菌的乳酸 1 mL,

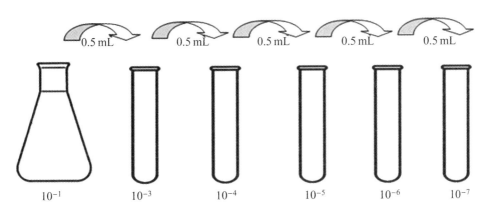

图 12.3　稀释过程示意图

注:图中左侧梯形为三角瓶,其中加入 49.5 mL 无菌水与 0.5 g 土样,土壤溶液稀释度为 10^{-2},依此类推,右侧三试管中土壤稀释度分别为 10^{-3}、10^{-4}、10^{-5}、10^{-6}、10^{-7}

轻轻摇匀,然后用与细菌相同的方法倒入平皿中,便可制成霉菌平板。

　　④ **酵母菌**:方法同上。

2. 结果

区分和识别各大类微生物通常不外乎包括菌落形态(群体形态)和细胞形态(个体形成)等两方面的观察。细胞的形态构造是群体形态的基础,群体形态则是无数细胞形态的集中反映,故每一大类微生物都有一定的菌落特征,即它们在形态大小、色泽透明度、致密度和边缘等特征上都有所差异,一般根据这些差异就能识别大部分菌落。菌落观察记录表见表 12.7。

表 12.7　菌落数观察记录表

培养基	天数\浓度	第一天		第二天		第三天		第四天		第五天		第六天	
		①	②	①	②	①	②	①	②	①	②	①	②
马丁氏	10^{-2}												
	10^{-3}												
高氏一号	10^{-4}												
	10^{-5}												
牛肉膏蛋白胨	10^{-6}												
	10^{-7}												

　　结论:

　　0.5 g 土壤中有细菌数:_____;

　　放线菌数:_____;

　　真菌数:_____。

【注意事项】

(1) 当平板上有链状菌落生长时,如呈链状生长的菌落之间无任何明显界限,则应作为一个菌落计,如存在有几条不同来源的链,则每条链均应按一个菌落计算,不要把链上生长的每一个菌落分开计数。

(2) 如有片状菌落生长,该平板一般不宜采用,如片状菌落不到平板的一半,而另一半又分布均匀,则可以用半个平板的菌落数乘 2 代表全平板的菌落数。

(3) 当计数平板内的菌落数过多但分布很均匀,可取平板的一半或 1/4 计数,再乘以相应稀释倍数作为该平板的菌落数。

(郑庆委)

实验十三　球　　菌

　　球菌种属较多,对人类有致病作用的球菌称为病原性球菌,其主要包括革兰阳性的葡萄球菌、链球菌、肺炎链球菌和革兰阴性的脑膜炎奈瑟球菌、淋病奈瑟球菌。这类球菌可引起人类化脓性感染,故又名化脓性球菌。这些细菌在形态、培养特性方面各不相同,可作为鉴别依据,但某些球菌需进一步做生化反应及致病性鉴定。

【实验目的】

　　(1)掌握病原性葡萄球菌、链球菌、肺炎链球菌、脑膜炎奈瑟球菌、淋病奈瑟球菌的形态及染色性。

　　(2)掌握病原性葡萄球菌、链球菌、肺炎链球菌在血琼脂平板上的培养特性。

　　(3)掌握血浆凝固酶实验和触酶实验的操作方法及意义。

　　(4)了解抗链球菌溶血素"O"实验的原理及其临床意义。

【实验材料】

　　(1)葡萄球菌、链球菌革兰染色示教片,肺炎链球菌荚膜染色示教片,脑膜炎奈瑟球菌、淋病奈瑟球菌革兰染色示教片。

　　(2)金黄色葡萄球菌、表皮葡萄球菌、甲型溶血性链球菌、乙型溶血性链球菌、肺炎链球菌在血琼脂平板培养物。

　　(3)金黄色葡萄球菌、表皮葡萄球菌普通琼脂平板培养物,兔(或人)血浆,3% H_2O_2 溶液,载玻片,接种环等。

　　(4)待检患者血清、生理盐水、ASO 胶乳试剂、溶血素"O"溶液、黑色反应板、牙签等。

【实验内容】

一、病原性球菌形态观察

1. 方法

　　镜下观察葡萄球菌、链球菌、肺炎链球菌、脑膜炎奈瑟球菌、淋病奈瑟球菌的染色示教片,注意它们的染色特性、形态和排列,并注意观察脑膜炎奈瑟球菌、淋病奈瑟球菌在中性粒细胞内外的情况和肺炎链球菌的荚膜。

2. 结果

（1）葡萄球菌：革兰阳性，球形，呈葡萄串状排列，如图 13.1 所示。

图 13.1　葡萄球菌革兰染色镜下形态

（2）链球菌：革兰阳性，球形或椭圆形，呈链状排列，长短不一，如图 13.2 所示。

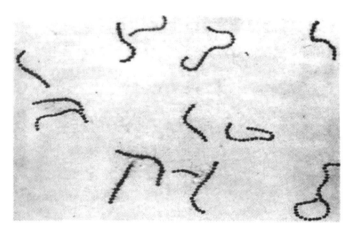

图 13.2　链球菌革兰染色镜下形态

（3）肺炎链球菌：菌体呈矛头状，多呈双排列，钝端相对，尖端相背，菌体及背景呈紫色，菌体周围有一圈淡紫色或无色的荚膜，如图 13.3 所示。

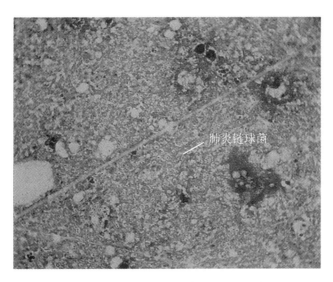

图 13.3　肺炎链球菌荚膜染色镜下形态

（4）脑膜炎奈瑟球菌：肾形或豆形革兰阴性双球菌，两菌的接触面较平坦或略向内陷（在患者脑脊液中，多位于中性粒细胞内），如图 13.4 所示。

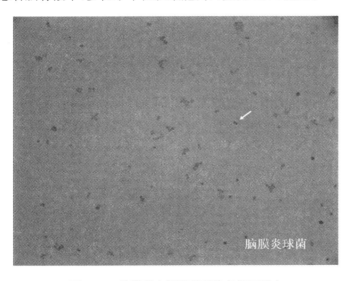

图 13.4　脑膜炎奈瑟菌革兰染色镜下形态

（5）淋病奈瑟球菌：革兰染色阴性球菌，常呈双排列，两菌接触面平坦，似一对咖啡豆。脓汁标本中，大多数淋病奈瑟球菌常位于中性粒细胞内，但慢性淋病病人的淋病奈瑟球菌多分布在细胞外，如图 13.5 所示。

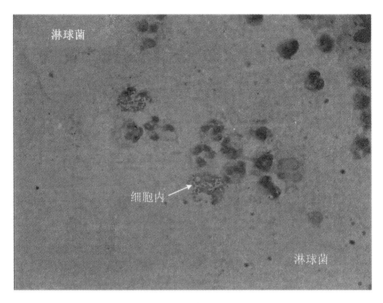

淋球菌

细胞内

淋球菌

图 13.5 脑膜炎奈瑟菌革兰染色镜下形态

二、病原性球菌菌落观察

1. 方法

菌落特性观察:观察金黄色葡萄球菌、表皮葡萄球菌在血琼脂平板上的菌落特征,重点观察菌落的颜色及溶血性;观察甲型溶血性链球菌、乙型溶血性链球菌、肺炎链球菌在血琼脂平板上的菌落特征,重点观察其溶血性。

2. 结果

(1) 金黄色葡萄球菌、表皮葡萄球菌在血琼脂平板上的菌落特征

金黄色葡萄球菌、表皮葡萄球菌形成中等大小、湿润、表面光滑、圆形凸起、边缘整齐、不透明的菌落。金黄色葡萄球菌菌落呈金黄色,菌落周围可见完全透明的无色溶血环(β溶血);表皮葡萄球菌菌落呈白色,菌落周围无溶血环,如图 13.6、图 13.7、图 13.8 所示。

(2) 甲型溶血性链球菌、乙型溶血性链球菌、肺炎链球菌在血琼脂平板上的菌落特征

链球菌属细菌形成针尖样大小、灰白色、湿润、表面光滑、圆形凸起、边缘整齐、不透明的菌落。乙型溶血性链球菌的菌落周围可见完全透明溶血环(β溶血);甲型溶血性链球菌及肺炎链球菌菌落周围可见草绿色溶血环(α溶血,另外肺炎链球菌在培养2~3天后,因细菌产生自溶酶而发生菌体自溶,菌落中心出现凹陷呈"脐状"),如图 13.9 所示。

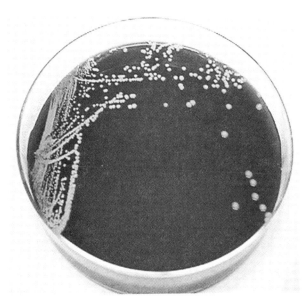

图 13.6 金黄色葡萄球菌血琼脂菌落

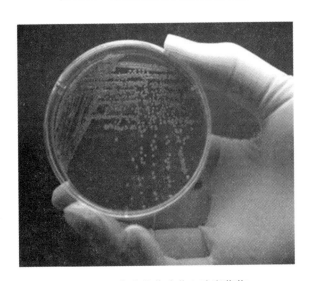

图 13.7 表皮葡萄球菌血琼脂菌落

图 13.8   金黄色葡萄球菌和表皮葡萄球菌在血琼脂溶血现象

图 13.9   甲链和乙链在血琼脂溶血现象

三、触酶实验

1. 原理

葡萄球菌属细菌产生的触酶(过氧化氢酶)能将 H_2O_2 分解成水和氧气,氧气以气泡的形式从水中溢出。

2. 方法

用接种环挑取普通琼脂平板上的葡萄球菌菌落或菌苔一环涂于洁净载玻片

上,滴加 1～2 滴 3%H₂O₂ 溶液,即刻观察结果。

3．结果

在 30 s 内产生大量气泡者,为触酶实验阳性,反之阴性。本实验常用于葡萄球菌属与链球菌属的细菌鉴别,前者呈阳性,后者呈阴性。

4．注意事项

(1) 3% H₂O₂ 溶液要新鲜配制。

(2) 应选用普通琼脂平板或斜面上的细菌,不宜从血琼脂平板上挑取,因红细胞内含有触酶,易出现假阳性反应。

(3) 陈旧培养物上的细菌可丢失触酶活性,可出现假阴性反应,故应取对数生长期的细菌进行实验。

四、血浆凝固酶实验

1．原理

致病性(金黄色)葡萄球菌能产生凝固酶,该酶使加有抗凝剂的人或兔血浆凝固,而非致病性葡萄球菌一般不产生此酶,故可作为鉴定致病性葡萄球菌的重要指标。此酶有结合凝固酶和游离凝固酶两种。游离凝固酶是分泌至菌体外的蛋白质,可被激活为凝血酶样物质,使血浆中的液态纤维蛋白原转变为固态纤维蛋白,导致血浆凝固,可用试管法鉴定;而结合凝固酶结合于菌体表面并不释放,作为纤维蛋白原受体,能与血浆中的纤维蛋白原交联,使菌体快速凝集,可用玻片法鉴定。

凝固酶实验通常用玻片法作为筛选实验,如遇到凝固酶实验结果不典型者,可以用试管法鉴定。

2．方法(玻片法)

(1) 取一洁净的玻片,用蜡笔划分左右两个区域。

(2) 取未稀释的新鲜兔(或人)血浆和生理盐水各一滴分别滴于载玻片两区域内。

(3) 挑取金黄色葡萄球菌(或表皮葡萄球菌)少许,分别与血浆和生理盐水混合,立即观察结果(图 13.10)。

3．结果

金黄色葡萄球菌在血浆中聚集成块或无法混匀,在生理盐水中无凝集,为血浆凝固酶实验阳性。

表皮葡萄球菌在血浆中呈均匀浑浊,在生理盐水中无凝集,为血浆凝固酶实验阴性。

4．注意事项

(1) 实验时要把细菌在生理盐水中研磨均匀,不要有明显的凝块,否则会影响对结果的判断。

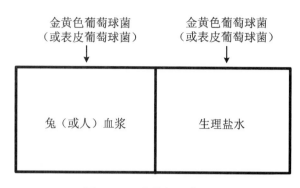

图 13.10　血浆凝固酶实验

（2）血浆最好使用 EDTA 抗凝,因为用枸橼酸盐抗凝血浆时,有些能利用枸橼酸盐的细菌会产生血浆凝固酶实验假阳性。

五、抗链球菌溶血素"O"实验(ASO 实验)

1. 原理

A 群溶血性链球菌产生的溶血素"O"(SLO)具有很强的抗原性,机体感染该菌 2～3 周后,85～90%的患者血清中可出现抗溶血素"O"抗体(ASO)。将链球菌溶血素"O"与羧化聚苯乙烯胶乳共价交联制成胶乳抗原(ASO 胶乳试剂),此抗原与患者血清中抗溶血素"O"抗体相遇时,即可发生特异性结合,出现肉眼可见的凝集。

由于正常人血清中均含有低滴度的抗"O"抗体,因此被测血清应先加入定量的溶血素"O"中和正常水平的抗体,以排除对结果的影响。

2. 方法(胶乳法)

（1）先将患者血清 56 ℃ 30 min 灭活补体,然后用生理盐水 1∶50、1∶80、1∶100稀释。

（2）于反应板各孔中分别滴加上述稀释后血清各 1 滴、阳性及阴性对照血清各 1 滴。

（3）再在上述各血清中滴加溶血素"O"1 滴,用牙签搅匀并轻轻摇动 2 min,使其混匀。

（4）分别向各孔内再加入 ASO 胶乳试剂各 1 滴,搅匀并轻摇 8 min(指室温在 18～20 ℃时,如室温升高 10 ℃,反应时间缩短 2 min,反之,则反应时间延长2 min)后,观察结果。肉眼观察出现明显凝集者为阳性,不凝集者为阴性。

3. 结果

按照表 13.1 判断实验用患者血清的 ASO 效价。

表 13.1　ASO 效价判断

血清稀释度	凝集现象	抗"O"效价
1 : 50	弱阳性	= 333
	强阳性	>500
1 : 80	弱阳性	= 625
	强阳性	>833
1 : 100	阳　性	>1 000

4. 注意事项

(1) 搅拌时牙签不能混用,以免造成误差。

(2) 所使用的滴管口径大小一致,以保证滴液量的一致。

(3) 严格掌握时间,当加入溶血素"O"胶乳试剂后,轻摇至规定的时间应立即记录结果,超时才出现的凝集者不列为阳性。

(4) 溶血、高脂血症、高胆红素血症、高胆固醇血症、类风湿因子阳性及被细菌污染的标本都会影响实验结果。

(5) 胶乳试剂不可冻存,宜存放在 4 ℃冰箱中,用前应摇匀。

【思考题】

(1) 急、慢性淋病性尿道炎患者标本中淋球菌在中性粒细胞的存在位置是什么?

(2) 如何通过血琼脂平板培养物来分析各种病原性球菌的致病性?

(3) 为什么被测血清应先加入适量的溶血素"O",然后再加入 ASO 胶乳试剂?

【知识拓展】

在抗链球菌溶血素"O"抗体测定的实验中,其检测方法分为溶血法、免疫比浊法和胶乳法,因胶乳法简便、快速而被广泛应用。

(周平)

实验十四 肠道杆菌

肠道杆菌种属很多,但对人有致病作用的主要有大肠埃希菌、志贺菌、沙门菌等菌属。肠道杆菌是一群形态相似、革兰染色阴性、大多数有鞭毛能运动的杆菌。肠道杆菌在形态上和普通培养基上无法区别,只能通过鉴别培养基及生化反应进行分离和初步鉴定,最后鉴定则需依靠血清学方法证明其特有的抗原成分。

【实验目的】

(1) 掌握大肠埃希菌、志贺菌、沙门菌在中国蓝、SS 琼脂、麦康凯(MAC)平板培养基上的菌落特点。

(2) 掌握大肠埃希菌、志贺菌、沙门菌在克氏双糖铁(KIA)及 MIU 培养基上的生长现象。

(3) 熟悉粪便标本中致病性肠道杆菌的分离鉴定步骤及方法。

(4) 了解肥达反应的原理、操作方法、结果判断及分析方法。

【实验材料】

(1) 大肠杆菌、痢疾杆菌、伤寒杆菌在中国蓝、SS 琼脂、麦康凯(MAC)平板上培养菌落。

(2) 大肠杆菌、痢疾杆菌、伤寒杆菌的 KIA 及 MIU 培养管。

(3) 患者新鲜粪便标本或肛门拭子、SS 琼脂平板培养基、KIA 琼脂管、MIU 琼脂管、沙门菌诊断多价和单价血清、痢疾杆菌诊断多价和单价血清。

(4) 待检血清、伤寒沙门菌 O 抗原菌液、伤寒沙门菌 H 抗原菌液、甲型副伤寒沙门菌 H 抗原菌液、乙型副伤寒沙门菌 H 抗原菌液。

(5) 其他材料:生理盐水、小试管、中试管等。

【实验内容】

一、主要肠道杆菌在中国蓝、SS 琼脂、麦康凯(MAC)平板培养基上的菌落特点

1. 方法

观察大肠杆菌、痢疾杆菌、伤寒杆菌在中国蓝、SS 琼脂、麦康凯(MAC)平板上

的菌落特点,注意其颜色、大小、透明度、光滑度等。

2. 结果

大肠杆菌在中国蓝琼脂平板上分解乳糖产酸则形成凸起的、大而浑浊的蓝色菌落。痢疾杆菌、伤寒杆菌在中国蓝琼脂平板上不分解乳糖,形成淡红色或无色、半透明的稍小菌落,如图 14.1、图 14.2 所示。

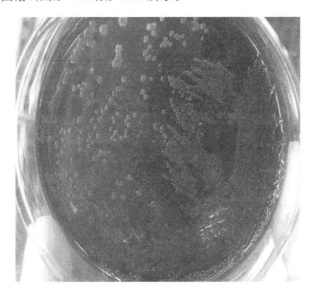

图 14.1　大肠杆菌在中国蓝平板上的菌落

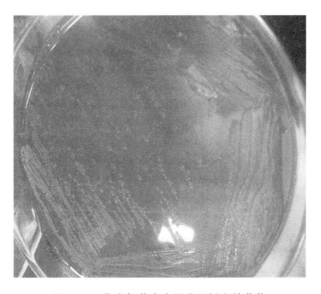

图 14.2　伤寒杆菌在中国蓝平板上的菌落

大肠杆菌在 SS 琼脂平板上大部分被抑制,少数生长的菌落较大、呈圆形、光

滑、不透明、呈红色。痢疾杆菌、伤寒杆菌在 SS 琼脂平板上不分解乳糖则形成较小
或中等大小、圆形、光滑、半透明、无色或黄色菌落。

　　大肠杆菌在麦康凯琼脂平板上形成红色、不透明的菌落。痢疾杆菌、伤寒杆菌
在麦康凯琼脂平板上不分解乳糖则形成无色或黄色、光滑型菌落,如图 14.3、图
14.4 所示。

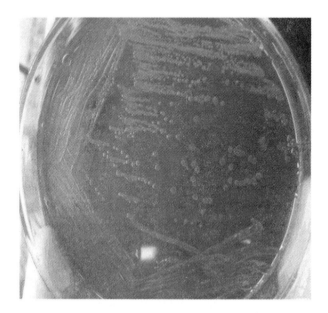

图 14.3　大肠杆菌在麦康凯平板上的菌落

图 14.4　伤寒杆菌在麦康凯平板上的菌落

二、主要肠道杆菌在克氏双糖铁(KIA)及尿靛动(MIU)培养基上的生长现象

1. 方法

观察大肠杆菌、痢疾杆菌、伤寒杆菌在 KIA 琼脂管中的生长表现。KIA 琼脂管斜面变黄表示乳糖被发酵;原色不变或红橙色加深表示乳糖不发酵;底层变黄为发酵葡萄糖,有裂隙表示产气,变黑为产生硫化氢(图 14.5)。

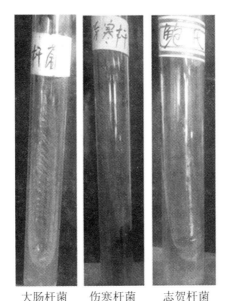

大肠杆菌　　伤寒杆菌　　志贺杆菌

图 14.5　肠道杆菌在 KIA 上的生长情况

KIA 的主要生化反应有:

(1) 斜面——乳糖发酵反应。

(2) 底层——葡萄糖发酵反应。

(3) 硫代硫酸钠及柠檬酸铁胺——硫化氢反应。

观察大肠杆菌、痢疾杆菌、伤寒杆菌在 MIU 琼脂管中的生长表现。MIU 琼脂管变红色表示脲酶阳性,不变色为阴性;脲酶阴性管,可滴加靛基质试剂数滴,观察靛基质反应,试剂层变红色表示阳性,不变色为阴性;细菌只沿穿刺线生长表示无动力,扩散生长为有动力(图 14.6)。

2. 结果

肠道杆菌在 KIA 及 MIU 培养基上的表现见表 14.1。

大肠杆菌　　　　　　　伤寒杆菌　　　　　　　志贺杆菌

图 14.6　肠道杆菌在 MIU 上的生长情况

表 14.1　肠道杆菌在 KIA 及 MIU 培养基上的表现

	KIA 培养基				MIU 培养基		
	乳糖	葡萄糖	产气	硫化氢	动力	靛基质	脲酶
大肠杆菌	A	A	+	−	+	+	−
痢疾杆菌	K	A	−	−	−	+/−	−
伤寒杆菌	K	A	−	+/−	+	−	−

注:A 表示产酸,K 表示产碱,+ 表示阳性,− 表示阴性。

三、粪便标本致病性肠道杆菌的分离与鉴定

1. 检验程序

粪便标本致病性肠道杆菌的分离与鉴定检验程序如图 14.7 所示。

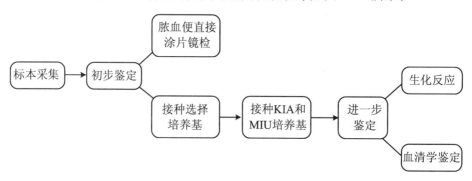

图 14.7　粪便标本中肠道杆菌的检验程序

2. 方法

(1) 取材:取粪便标本至清洁容器内立即送检。若不能及时送检,应加 30%甘油缓冲盐水(按 1:1 比例)置 4℃保存。无法获得粪便时,用无菌棉拭子经生理盐水湿润后,插入肛门 4~5 cm 处轻轻沿肠壁擦拭一圈后取出,放入含少量甘油缓冲盐水的无菌试管中送检。

(2) 分离培养:用接种环挑取少许粪便,划线分离接种在 SS 琼脂平板培养基上。放置在 37℃恒温培养箱中培养 18~24 h,观察平板上菌落大小、形状、颜色及透明度等性状。选取可疑病原菌菌落 2~3 个再进行下一步鉴定。

(3) 初步鉴定:用接种针从 SS 琼脂平板上可疑病原菌菌落中心挑取细菌,同时穿刺接种 KIA 琼脂管及 MIU 琼脂管各一支。37℃孵育 18~24 h 后,观察结果。

(4) 血清学鉴定(玻片凝集实验):根据 KIA 和 MIU 培养基上出现的结果,初步判定分离细菌是哪一属、哪一种细菌,选择相应的血清抗体进行血清学鉴定。具体操作方法:取一满环诊断血清放于载玻片一端,再从 KIA 培养基上取培养物少许与之充分研磨混合,同时取培养物与生理盐水在玻片的另一端进行混合,用作对照。

四、肥达实验

1. 原理

肥达反应是用已知的伤寒沙门菌 O、H 抗原和甲、乙型副伤寒沙门菌 H 抗原(以 PA、PB 表示)与患者血清作定量凝集实验,以检测患者血清中有无相应抗体存在,可作为伤寒、副伤寒诊断的参考。

2. 方法

单管稀释法的步骤如下:

(1) 准备 28 支小试管,排成 4 排,每排 7 支。

(2) 取中号试管 1 支,加生理盐水 3.8 mL,用吸管吸取患者血清 0.2 mL 加入其中混匀,即为 1:20 稀释血清,总量为 4 mL。

(3) 吸取 1:20 稀释的血清 2 mL,在每排的第 1 管中各加入 0.5 mL(这时中号试管中还剩 1:20 稀释血清 2 mL)。

(4) 再向上述中号试管中加入 2 mL 生理盐水,混匀,即为 1:40 稀释血清,总量为 4 mL。然后吸取此稀释度血清 2 mL,向每排第 2 管各加 0.5 mL。

(5) 以此类推,将血清不断作倍比稀释,并依次加入各管,直至每排的第 6 管为止。

(6) 在各排的第 7 管中各加 0.5 mL 生理盐水,作阴性对照。

(7) 在第 1 排的各管中加伤寒杆菌"O"菌液 0.5 mL;在第 2 排的各管中加伤

寒杆菌"H"菌液 0.5 mL;在第 3 排的各管中加 PA"H"菌液 0.5 mL;在第 4 排的各管中加 PB"H"菌液 0.5 mL。由于各管中均加入 0.5 mL 菌液,即又被稀释了一倍,所以每排各管中血清的最终稀释度发生了变化,见表 14.2。

表 14.2　肥达实验操作方法

	实验管(每管 0.5 mL 稀释血清)						对照管
	1 号管	2 号管	3 号管	4 号管	5 号管	6 号管	7 号管
	1:20	1:40	1:80	1:160	1:320	1:640	NS 0.5 mL
O 抗原	0.5	0.5	0.5	0.5	0.5	0.5	0.5
H 抗原	0.5	0.5	0.5	0.5	0.5	0.5	0.5
PA 抗原	0.5	0.5	0.5	0.5	0.5	0.5	0.5
PB 抗原	0.5	0.5	0.5	0.5	0.5	0.5	0.5
血清最终稀释度	1:40	1:80	1:160	1:320	1:640	1:1 280	

(8) 振荡混匀,置 40～45 ℃水浴箱中 2 h,取出并观察结果,室温过夜,次日再观察结果。

3. 结果

(1) 结果观察及判断

观察时在斜射光线下透视,观察试管中悬液的混浊程度及管底凝块的多少。先观察对照管,再分别观察各实验管的凝集情况,并与对照管相比较。根据混浊程度及管底凝块的多少,以"＋＋＋＋""＋＋＋""＋＋""＋"符号记录。

＋＋＋＋:上清液完全澄清,细菌凝集块全部沉于管底。

＋＋＋:上清液澄清度达 75%,大部分细菌凝集块沉于管底。

＋＋:上清液澄清度达 50%,约 50% 的细菌凝集块沉于管底。

＋:上清液混浊,澄清度仅有 25%,管底仅有部分细菌凝集成块沉于管底。

－:液体均匀混浊,无凝集块。

H 凝集是鞭毛抗原与相应抗体所形成的,凝块疏松,呈絮状沉于管底,轻轻摇动,似絮团浮于液体中;O 凝集是菌体抗原与抗体作用形成的,凝块致密,贴于管底,轻轻摇动,呈颗粒状。

血清的凝集效价(即滴度):以呈现"＋＋"凝集现象的血清最高稀释倍数作为该血清的凝集效价。血清效价代表血清中抗体的含量,血清效价越高,所含抗体的量愈多。

(2) 结果分析及临床意义

① 正常凝集效价:一般认为,伤寒沙门菌"O"抗体凝集效价在 1:80 以上,"H"抗体凝集效价在 1:160 以上,甲、乙型副伤寒沙门菌凝集效价在 1:80 以上

才有诊断价值。

②O抗体与H抗体的性质及其消长的意义：患伤寒或副伤寒后，O与H在体内的消长情况不同。IgM类O抗体出现较早，持续约半年，消退后不易受非伤寒沙门菌等病原体的非特异刺激而重现。IgG类H抗体则出现较晚，持续时间长达数年，消失后易受非特异性病原刺激而能短暂地重新出现。因此，O、H凝集效价均超过正常值，则肠热症的可能性大；如两者均低于正常值，肠热症的可能性小；若O不高，H高，有可能是预防接种或非特异性回忆反应；如O高，H不高，则可能是感染早期或与伤寒沙门菌O抗原有交叉反应的其他沙门菌感染。

③肠热症患者肥达反应阳性率自第2周升高，至第4周阳性率可高达90%，但也有少数病例抗体效价始终不上升。因此，血清学检查结果的判断必须结合临床症状、病期及地区情况。阴性结果不能完全排除肠热症，应同时检菌。

④一般来说，一次肥达反应结果难以确定时，应间隔5~7天重复采血，如凝集效价随病程延长而逐渐上升4倍以上，方有诊断价值。

4．注意事项

（1）注意实验用菌液有效期，如果出现自凝，则不可使用。

（2）从水浴箱中取出小试管时，尽量不要振荡，因为结果的判断要结合上清液的透明度和管底凝集块的多少及性状两方面加以分析。

【思考题】

（1）中国蓝、SS琼脂、麦康凯三种培养基各有什么特性？三种培养基中大肠杆菌及肠道致病菌的菌落各有什么特点？

（2）志贺菌和沙门菌在KIA培养基上的生化反应有何区别？

【附录】

1．中国蓝琼脂培养基（弱选择培养基）的配制

（1）成分：无糖肉膏汤琼脂（pH 7.4）100 mL，乳糖1 g，10 g/L灭菌的中国蓝水溶液0.5~1 mL，10 g/L玫瑰红酸乙醇溶液1 mL。

（2）制法：将乳糖1 g加入已灭菌的肉膏汤琼脂瓶内，加热溶化琼脂并混匀，待冷却至50℃左右，加入中国蓝、玫瑰红酸两溶液混匀，立即倾注入平皿，凝固后备用。

（3）原理：在此培养基中，中国蓝是指示剂，玫瑰红酸是革兰阳性菌的抑制剂，但也有颜色反应。培养基碱性反应时呈红色，酸性反应时呈蓝色，培养基制成后pH约为7.4，呈淡紫红色。接种大肠杆菌后，由于其分解乳糖，产生酸类而使菌落呈蓝色，而致病性肠道杆菌因不发酵乳糖，菌落为淡红色或无色、半透明。

2．SS琼脂培养基（强选择培养基）的配制

（1）成分：牛肉膏5 g、蛋白胨5 g、乳糖10 g、10 g/L中性红溶液2.5 g、胆盐

8.5 g、枸橼酸钠 8.5 g、硫代硫酸钠 8.5 g、1 g/L 煌绿水溶液 0.33 g、枸橼酸铁 1 g、琼脂 20 g、蒸馏水 1 000 mL。

（2）制法：将牛肉膏、蛋白胨、乳糖、胆盐、枸橼酸钠、硫代硫酸钠、枸橼酸铁溶于蒸馏水，校正 pH 为 7.2～7.4，然后再加入琼脂、煌绿水溶液和中性红溶液，分装于三角烧瓶中，经煮沸 30 min 灭菌，取出待冷却至 55 ℃ 左右倾注入平皿备用。

（3）原理：胆盐能抑制 G^+ 菌，煌绿和枸橼酸钠能抑制大肠杆菌，所以能使致病性的沙门菌和志贺菌容易分离，是分离沙门菌及志贺菌属细菌的强选择培养基。中性红为指示剂，它在酸性中呈红色，在碱性中呈黄色。一般肠道致病菌不分解乳糖，但分解蛋白胨产生碱性物质，所以菌落呈黄色；而大肠杆菌分解乳糖产生酸类，所以菌落呈红色。中性红可被光线所破坏，所以应将培养基存放在阴暗处。

SS 培养基对大肠杆菌的抑制作用很强，对致病性肠道杆菌则无明显抑制作用。因此可增加标本的接种量以提高致病菌的检出率。

3. 麦康凯（Mac Conkey，MAC）培养基（弱选择培养基）的配制

（1）成分：蛋白胨 20 g、氯化钠 5 g、乳糖 10 g、胆盐 5 g、10 g/L 中性红水溶液 5 mL、琼脂 20～25 g、蒸馏水 1 000 mL。

（2）制法：乳糖、蛋白胨、氯化钠及胆盐加于 500 mL 蒸馏水中加热溶解制成一液，将琼脂加入余下的 500 mL 水中加热溶解制成二液。将一、二液趁热混合调整 pH 至 7.2 后以绒布过滤，按每瓶 100 mL 分装，在 115 ℃ 68.95 kPa 高压灭菌 20 min，冷却至 50～60 ℃ 时，每 100 mL 培养基中加入经煮沸灭菌的 10 g/L 中性红水溶液 0.5 mL，混合后倾注平皿。

（3）原理：胆盐能抑制 G^+ 菌及部分非病原菌的生长，有利于沙门菌和志贺菌的生长。因含乳糖及中性红指示剂，故分解乳糖的细菌菌落（如大肠杆菌）呈红色，而不分解乳糖的细菌菌落呈无色或淡黄色。

4. 克氏双糖铁（KIA）复合培养基的配制

（1）成分：蛋白胨 20 g、氯化钠 3 g、乳糖 10 g、葡萄糖 1 g、硫代硫酸钠 0.5 g、柠檬酸铁铵 0.5 g、酚红 0.025 g、琼脂 15 g、蒸馏水 1 000 mL。

（2）制法：除酚红外，其余成分加热溶解，调 pH 至 7.2，加入酚红混匀，分装试管，约占试管长度的 1/2，115 ℃ 68.95 kPa 高压灭菌 15 min，趁热放置成斜面，凝固备用。

（3）原理：酚红为指示剂，它在酸性溶液中呈黄色，在碱性溶液中呈红色。细菌如能发酵乳糖和葡萄糖而产酸产气，斜面与底层均呈黄色，且有气泡。如只发酵葡萄糖而不发酵乳糖，因葡萄糖含量较少（占乳糖的 1/10），斜面所生成的少量酸可因接触空气而氧化挥发，从而使斜面保持红色；底层由于是在相对缺氧的状态下，细菌发酵葡萄糖生成的酸类物质不被氧化挥发而呈黄色。此外，若细菌能分解培养基中的胱氨酸等含硫氨基酸产生硫化氢时，即能与培养基中的铁离子反应生成黑色的硫化亚铁沉淀于培养基中使其变黑。

5. 尿靛动(MIU)复合培养基的配制

（1）成分：蛋白胨 10 g、氯化钠 5 g、磷酸二氢钾 2 g、尿素 20 g、4 g/L 酚红水溶液 1 mL、琼脂 2 g、蒸馏水 1 000 mL。

（2）制法：除酚红外，其余成分加热溶解，调 pH 至 7.2，加入酚红混匀，115 ℃ 68.95 kPa 下高压灭菌 15 min，冷至 50 ℃左右，加入 20%尿素溶液，使其终浓度为 2%，分装于无菌试管，每管约 3 mL，凝固备用。

（3）原理：为含尿素、蛋白胨的半固体培养基。酚红为指示剂，它在酸性溶液中呈黄色，在碱性溶液中呈红色。具有色氨酸酶的细菌分解蛋白胨中的色氨酸产生吲哚，加入吲哚试剂后，培养基上层的吲哚试剂变为红色；具有脲酶的细菌分解尿素产氨使整个培养基为碱性，呈红色；有动力的细菌沿穿刺线扩散生长。

（周平）

实验十五　分枝杆菌和棒状杆菌

　　分枝杆菌是一类细长略弯曲的杆菌,因繁殖时有分枝生长的趋势而得名。此菌细胞壁中含有大量的脂质,故难以用一般染料染色,需用助染剂并加温使之着色,着色后能抵抗盐酸酒精的脱色,故又称抗酸杆菌。致病菌主要有结核分枝杆菌及麻风分枝杆菌。

　　棒状杆菌属的细菌因其菌体一端或两端膨大呈棒状而得名。白喉棒状杆菌俗称白喉杆菌,是白喉的病原体,属于棒状杆菌属。白喉是一种常见的急性呼吸道传染病,患者咽喉部出现灰白色的假膜为其病理学特征。该菌能产生强烈外毒素,进入血液可引起全身中毒症状而致病。

任务一　结核分枝杆菌

【实验目的】

(1) 掌握结核分枝杆菌的形态及染色特点。
(2) 掌握结核分枝杆菌的培养方法及菌落特征。
(3) 掌握抗酸染色法。
(4) 熟悉分枝杆菌的鉴定方法。

【实验材料】

(1) 菌种:结核分枝杆菌。
(2) 培养基:改良罗琴(L-J)培养基。
(3) 试剂:抗酸染色液、金胺"O"荧光染色液、40 g/L NaOH 溶液、2% H_2SO_4 溶液。
(4) 其他:肺结核患者的痰标本、载玻片、木夹、小试管等。

【实验内容】

一、结核分枝杆菌形态

1. 方法

取结核分枝杆菌培养物按常规方法制备细菌涂片后抗酸染色,其染色方法如下:

(1) 初染:将以固定涂片平放于染色架或用染色夹子夹住,滴加饱和石炭酸复红染液数滴使其覆盖痰膜,并于载玻片下方以微火加热至出现蒸汽(勿煮沸或煮干),持续 5 min,冷却,水洗。

(2) 脱色:加 3%盐酸酒精脱色至无红色染液脱下为止(勿超过 10 min),水洗。

(3) 复染:加吕氏美蓝染液复染,直接涂片标本染 0.5 min,集菌涂片标本染 1~3 min,水洗,待干后镜检。

2. 结果

结核分枝杆菌经抗酸染色后,呈红色,菌体细长略弯曲,细菌多单个存在,亦可聚集成团状或索状。

二、肺结核患者痰标本染色

1. 涂片

(1) 直接涂片法:用接种环挑取肺结核病人痰标本中脓性或干酪样部分约 0.01 mL,于载玻片中央均匀涂抹成 2.0 cm×2.5 cm 大小均匀的薄涂片;也可待自然干燥后再涂抹一层,制成厚膜涂片。自然干燥,火焰固定。

(2) 集菌涂片法:取痰标本 2~3 mL 装入已消毒的广口瓶中,加 2 倍量 40 g/L NaOH 溶液混匀,在 121 ℃下高压蒸汽灭菌 20~25 min,冷却后供集菌涂片检查。① 离心集菌法:取上述经处理的痰液,3 000 r/min 离心 30 min,弃去上清液,取沉淀物涂片。② 漂浮集菌法:取上述经处理的痰液放入细口玻璃容器中,加入适量的灭菌蒸馏水混匀,再加入二甲苯 0.3 mL,置振荡器或手摇振荡 10 min,最后再加灭菌蒸馏水至满瓶口而又不外溢,静置 15 min,取洁净载玻片盖于瓶口,静置 15 min,取下载玻片并迅速翻转,干燥后染色。

2. 抗酸染色法(见上)

3. 金胺"O"荧光染色法

(1) 荧光染色:于固定涂片上滴加荧光染液金胺"O"数滴,染色 10~15 min,水洗。

(2) 脱色:3%盐酸酒精脱色 3~5 min,至无黄色染液脱下为止,水洗。

（3）复染：用对比染液 0.5%高锰酸钾复染 1～3 min，水洗，干后镜检。

4. 结果

（1）抗酸染色法：油镜下观察，在淡蓝色背景下有红色细长或略带弯曲的杆菌，有分枝生长趋势，为抗酸染色阳性菌。其他细菌和细胞呈蓝色。直接涂片标本中常见菌体单独存在，偶见团聚呈堆者（图 15.1）。若在痰、脑脊液或胸、腹水中查见抗酸菌，其诊断意义较大。镜下所见结果的报告标准见表 15.1。

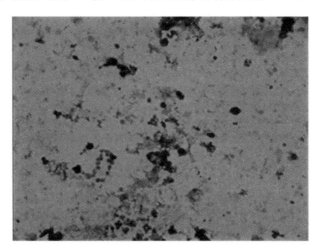

图 15.1　结核分枝杆菌抗酸染色镜下形态

表 15.1　抗酸染色法所见镜下分枝杆菌的报告标准

报告方式	镜检结果
－	连续观察至少 300 个不同视野未发现抗酸杆菌
±	300 个视野内发现 1～2 条抗酸杆菌（全部涂膜镜检查 3 遍）
＋	100 个视野内发现 1～9 条抗酸杆菌
2＋	10 个视野内发现 1～9 条抗酸杆菌
3＋	每个视野内发现 1～9 条抗酸杆菌
4＋	每个视野内发现 9 条以上抗酸杆菌

（2）金胺“O”荧光染色：用荧光显微镜高倍镜下观察，在暗视野下，抗酸菌呈黄绿色荧光，镜下所见结果的报告标准见表 15.2。

表 15.2　金胺"O"荧光染色法所见镜下分枝杆菌的报告标准

报告方式	镜检结果
−	连续观察至少 300 个视野未发现抗酸杆菌
±	70 个视野内发现 1～2 条抗酸杆菌（全部涂膜镜检查 1～2 遍）
+	50 个视野内发现 2～18 条抗酸杆菌（全部涂膜镜检查 1 遍）
2+	10 个视野内发现 4～36 条抗酸杆菌
3+	每个视野内发现 4～36 条抗酸杆菌
4+	每个视野内发现 36 条以上抗酸杆菌

三、培养特性观察

1. 标本处理

（1）酸处理法：取 1～2 mL 痰标本于无菌试管内，加 2～4 倍量 4% H_2SO_4 溶液，混匀后室温放置 30 min，在此期间振荡痰液 2～3 次，使其液化。

（2）碱处理法：取 1～2 mL 痰标本于无菌试管内，加 2～4 倍量 40g/L NaOH 溶液，混匀后置 37 ℃温箱内放置 30 min，在此期间振荡痰液 2～3 次，使其液化。

（3）N-乙酰-L-半胱氨酸-NaOH 法：取痰标本 10 mL，加等量上述消化液，振荡 0.5 min（若标本黏稠，可适当延长消化时间），室温放置 15 min 后加入 0.067 mol/L 磷酸盐缓冲液 20 mL，混匀，2 000 r/min 离心 15 min，弃去上清液。加入少许 PBS 缓冲液，混匀，接种。也可在消化液消化痰标本后，不中和、不离心，直接接种。

2. 接种与培养

取上述经消化处理的标本 0.1 mL，均匀接种于改良罗琴培养基（L-J 培养基），每份标本接种 2 支培养基。将试管倾斜 15°角斜置，37 ℃孵育 1 周后再直立于试管架上，继续培养至第 8 周（初次分离培养需 5%～10%CO_2）。

3. 结果

培养 2～4 周可见菌落，菌落呈乳白色或米黄色，不透明，颗粒状、结节状或花菜状（图 15.2）。

标本接种后应每天观察细菌生长情况，若发现可疑菌落，经涂片染色检查见抗酸杆菌，则随时报告"分枝杆菌培养阳性"；培养 8 周未见菌落生长者，报告"分枝杆菌培养阴性"，培养阳性者应同时报告生长程度，报告方式见表 15.3。

图 15.2　结核分枝杆菌在罗琴培养基上的菌落

表 15.3　结核杆菌培养结果报告方式

报告方式	生长结果
培养阴性	无菌落生长
菌落个数	斜面上的菌落在 20 个以下
+	菌落在 20 个以上,占斜面 1/4 以下
2+	菌落占斜面 1/4 以上、1/2 以下
3+	菌落占斜面 1/2 以上、3/4 以下
4+	菌落密集呈菌苔生长

四、耐热触酶实验

1. 原理

非结核分枝杆菌细胞内含有耐热触酶,经 68 ℃加热 20 min 依然保持活性,能够分解 H_2O_2 产生大量气泡。

2. 方法

从固体培养基上取菌落 5～10 mg,加入含 0.067 mol/L PBS 缓冲液 0.5～1.0 mL 的小试管中,制成细菌悬液。将该试管放入 68 ℃水浴 20 min 后取出冷却至室温,沿试管壁缓缓加入 30% H_2O_2 与 10% Tween-80 的等量混合液 0.5 mL (需新鲜配制)。勿摇动,于 20 min 内观察结果。

3. 结果

液面出现气泡者为阳性,20 min 内无气泡出现为阴性。人型和牛型结核分枝杆菌为阴性,其他分枝杆菌为阳性。

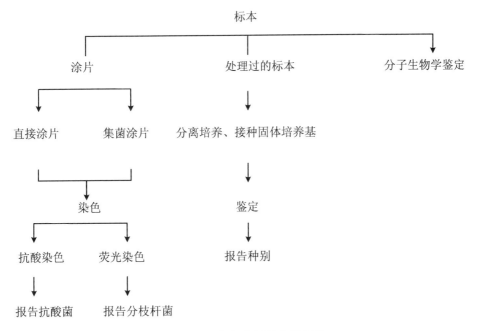

图 15.3　分析杆菌的鉴定程序图

五、分枝杆菌的鉴定程序

【注意事项】

（1）抗酸染色加热时，应注意随时补充染液，以防干涸。勿使染液煮沸或煮干。

（2）染色完毕，可用吸水纸吸干载玻片上的水分，但用过的吸水纸上可能沾有染色的结核分枝杆菌，故不宜再用于吸干第二份标本，以免发生错误诊断。

（3）接种标本于 L-J 斜面培养基后，应反复倾斜培养基，使标本均匀分布于培养基表面。

（4）为防止结核分枝杆菌引起医源性传播，所有涉及标本的涂片、接种、生化实验等操作均应在生物安全柜中进行；接种环用后应先放入沸水中灭菌 1 min，再于火焰中烧灼，不可直接在火焰上烧灼，以防止环上菌液爆炸造成污染。

（5）培养前处理痰标本时，不可随意提高试剂的浓度或延长处理时间，以防止杀伤大多数结核分枝杆菌。

（6）结核是法定的乙类传染病，从痰液中分离和鉴定出结核分枝杆菌，应按有关规定报告相关部门。

【思考题】

(1) 简要描述结核分枝杆菌的形态特征及其在 L-J 培养基上的菌落特点。

(2) 如何鉴定结核分枝杆菌?

【附录】

1.抗酸染色液的配制

(1) 石炭酸复红液:取碱性复红乙醇饱和溶液 10 mL 加 5%石炭酸水溶液 90 mL 混合即成。

(2) 3%盐酸乙醇:取浓盐酸 3 mL 加 95%乙醇 97 mL 混合。

(3) 吕氏碱性美蓝液:取美蓝 0.3 g 溶于 95%乙醇 30 mL 中,再加入蒸馏水 100 mL 及 10%氢氧化钾水溶液 0.1 mL 即成。

2. 金胺"O"染液的配制

0.1 g 金胺"O"溶于 10 mL 的 95%乙醇中,加 5%石炭酸至 100 mL。

3. 改良罗琴(L-J)培养基的配制

(1) 成分:磷酸二氢钾 2.4 g、马铃薯淀粉 30 g、枸橼酸镁 0.6 g、硫酸镁 (7 H₂O)0.24 g、天门冬素 3.6 g、甘油 12 mL、2%孔雀绿水溶液 20 mL、新鲜鸡蛋液 1 000 mL、蒸馏水 600 mL。

(2) 制法

① 加热溶解磷酸二氢钾、硫酸镁、枸橼酸镁、天门冬素及甘油于 600 mL 蒸馏水中。

② 在上述溶液中加入马铃薯淀粉,边加边搅拌,使成均匀糊状,继续置沸水中加热 30 min。

③ 将鸡蛋用清水洗净后,置 75%乙醇中浸泡 30 min,取出后用无菌纱布擦干,以无菌方法击破蛋壳。将蛋黄、蛋白一并收集于无菌烧瓶内,充分搅匀后用无菌纱布过滤,收集蛋液 1 000 mL,加入上述已冷却之溶液中。

④ 再加入灭菌的 2%孔雀绿水溶液 20 mL,充分摇匀后分装于无菌试管中,每管 7~8 mL,加塞后倾斜放置于血清凝固器内,85 ℃ 1 h 间歇灭菌 2 次,检测后置 4 ℃冰箱中保存。

(3) 注意事项

① 配制该培养基时所用的器皿、试管和纱布均需灭菌后使用。

② 鸡蛋、马铃薯为营养物。蛋黄中含有磷、磷脂和一些盐类,蛋白能中和脂肪酸的毒性。甘油、枸橼酸盐补充碳源。硫酸镁等盐类供给镁、钾等元素。天门冬素为氮源。磷酸盐为缓冲剂。孔雀绿可抑制杂菌生长。

4. N-乙酰-L-半胱氨酸-NaOH 溶液的配制

0.1 mol/L 枸橼酸钠溶液 50 mL,加 4% NaOH 溶液 50 mL,混匀。临用前加

入 N-乙酰-L-半胱氨酸(NALC)0.5 g,混匀得标本消化液。置室温 24～48 h 内使用。

任务二　白喉棒状杆菌

【实验目的】

(1) 掌握白喉棒状杆菌的形态染色特性、常用染色方法、培养特性及菌落特点。

(2) 熟悉白喉棒状杆菌鉴定实验和测定白喉毒素的常用方法。

(3) 熟悉白喉棒状杆菌与类白喉棒状杆菌的鉴别要点。

【实验材料】

(1) 菌种:白喉棒状杆菌及类白喉棒状杆菌的培养物。

(2) 培养基:吕氏血清斜面、血琼脂平板、亚碲酸钾琼脂培养基、尿素卵黄双糖琼脂斜面、Elek 平板、葡萄糖、麦芽糖、蔗糖、明胶、尿素、硝酸盐培养基。

(3) 试剂:革兰染色液、Albert 染色液、白喉抗毒素(DAT)等。

(4) 其他:1 mL 注射器、剃刀、豚鼠或家兔等。

【实验内容】

一、形态观察

1. 方法

(1) 革兰染色法:白喉杆菌固体纯培养物按常规方法制备细菌涂片、革兰染色、显微镜油镜下观察。

(2) Albert 染色法:为最常用的异染颗粒染色法。用白喉咽拭子标本或吕氏血清斜面培养物涂片,干燥,固定,滴加 Albert 染色液甲液染色 3～5 min,水洗、乙液染色 1 min,水洗,干后在显微镜油镜下观察。

2. 结果

(1) 革兰染色法:典型的白喉棒状杆菌染成革兰阳性,着色不均匀,菌体细长微弯曲,一端或两端膨大呈棒状,同一菌体可染成紫红相间的不同颜色;细菌常以锐角角度成簇状聚集而呈 X、Y、W、N、M 等字母形或成栅栏状排列。无芽孢、荚膜,与医学有关的种无动力(图 15.4)。

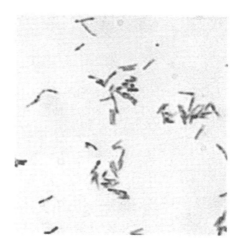

图 15.4　白喉棒状杆菌革兰染色镜下的形态

（2）Albert 染色法：白喉棒状杆菌菌体呈蓝绿色，在菌体一端或两端或中央有显著的染色较深的颗粒，数量不定，即为异染颗粒（较菌体粗大），呈蓝黑色（图 15.5）。

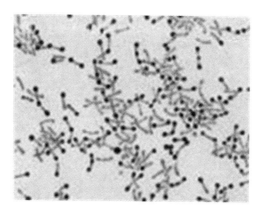

图 15.5　白喉棒状杆菌 Albert 染色镜下的形态

二、菌落特征观察

1. 方法

将白喉棒状杆菌分别接种于血平板、亚碲酸钾血琼脂平板、吕氏血清斜面或凝固鸡蛋清斜面，置 35 ℃温箱中孵育或 5%～10% CO_2 中孵育 18～24 h。

2. 结果

血琼脂平板：其在血平板上的菌落根据生物型的不同而不同，中间型菌株为小、灰色、半透明菌落；轻型与重型菌株为中等大小、白色、不透明菌落；轻型菌株的菌落有狭窄溶血环,重型和中间型无溶血现象。

亚碲酸钾血琼脂平板:白喉棒状杆菌在此培养基上将亚碲酸钾还原成碲元素从而形成黑色或灰黑色菌落。

吕氏血清斜面:可长出细小灰白色、有光泽的圆形菌落或形成菌苔。

液体培养基中:表面生长形成菌膜,同时有颗粒沉淀。

三、生化反应

1. 方法

将白喉棒状杆菌和其他棒状杆菌分别接种于血清糖发酵管(葡萄糖、麦芽糖、蔗糖),明胶、尿素、硝酸盐培养基,尿素卵黄双糖琼脂斜面,置 35 ℃温箱孵育 18～24 h,观察结果(表 15.4)。若呈阴性反应则延长到 72 h 观察结果。

表 15.4　白喉棒状杆菌和其他常见棒状杆菌的生化反应

	触酶	硝酸盐还原	葡萄糖	麦芽糖	蔗糖	明胶液化	脲酶
白喉棒状杆菌	+	+	+	+	−	−	−
假白喉棒状杆菌	+	+	−	−	−	−	+
干燥棒状杆菌	+	+	+	+	+	−	−
溃疡棒状杆菌	+	−	+	+	−	+ 25 ℃	+

2. 结果

尿素卵黄双糖琼脂斜面上不同棒状杆菌的鉴定结果如表 15.5 所示。

表 15.5　尿素卵黄双糖琼脂斜面上不同棒状杆菌的鉴定

	底层(葡萄糖)	斜面(蔗糖)
白喉棒状杆菌	黄色	不变色
假白喉棒状杆菌	红色	红色
干燥棒状杆菌	黄色	黄色
溃疡棒状杆菌	红色	红色

四、琼脂平板毒力实验(又称 Elek 平板毒力实验)

1. 原理

白喉抗毒素与白喉毒素在琼脂中扩散,在一定部位相遇发生特异性结合,形成肉眼可见的沉淀反应。

2. 方法

将 Elek 琼脂加热熔化,冷至 50 ℃～55 ℃,加入 2 mL 无菌小牛血清或兔血清

(经 60 ℃ 30 min 灭活),混匀后倾注无菌平皿中,在琼脂尚未完全凝固前,将已浸有 1 000 U/mL 白喉抗毒素的无菌滤纸条(60 mm×10 mm)置于平板中央,平板置 35 ℃孵育箱烘干表面水分,将待检菌从滤纸条边缘垂直划线接种至平皿壁,划线宽为 6~7 mm,同时平行于待检菌两侧划线接种标准产毒菌株,做阳性对照,纸条两侧可分别接种 3~4 个菌株,各菌株间相距 10 mm。将平板置 35 ℃孵育 24 h、48 h 及 72 h,观察结果。

3. 结果

经 35 ℃孵育 24~48 h,若菌苔两侧出现斜向外侧延伸的乳白色沉淀线,并与邻近的标准产毒株产生的沉淀线相吻合,可诊断为产毒株。无毒株经 72 h 不出现沉淀线(图 15.6)。

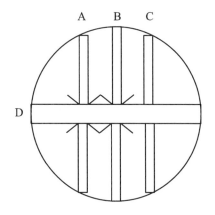

图 15.6　琼脂平板毒力实验示意图
A.标准产毒株;B.待测菌(阳性);C.待测菌(阴性);D.白喉抗毒素

五、动物体内毒力实验

通常采用豚鼠或家兔进行皮内实验。取待测菌 48 h 肉汤培养液 0.2 mL,注射于豚鼠或家兔去毛的一侧腹壁皮内,5 h 后注射 500 U 白喉抗毒素血清(豚鼠做腹腔注射,家兔做耳静脉注射),30 min 后再次注射同样的肉汤培养液于动物去毛的另一侧腹壁皮内作为对照。24~72 h 后,若注射抗毒素前接种培养液的部位发生红肿与坏死,而对照部位不发生任何变化,说明待测菌产生白喉外毒素。该法的优点是实验动物不死亡,用一只动物可同时检测多个菌株。通常用于琼脂平板毒力实验结果可疑者。

六、对流电泳毒力测定

将制好的琼脂板打孔后,一孔加白喉抗毒素,另一孔加待检菌培养液,电泳

30 min后,若两孔之间出现白色沉淀线为阳性,表明待检菌产生白喉抗毒素。此法简便快速,比琼脂平板毒力实验敏感10~100倍,适用于大批量标本的检测。

【注意事项】

(1) 为保持白喉棒状杆菌毒力,细菌培养物在室温中放置时间不得超过2 h,在4 ℃不超过4 h。毒力实验除用新分离菌株外,须同时有标准菌株做阳性对照。

(2) 糖分解实验时所有生化反应用培养基需用安氏指示剂(Andrade),才能获得满意结果,同时每支糖发酵管中需加无菌兔血清1~2滴。

(3) 明胶液化实验观察结果时可将明胶培养基于25 ℃孵育箱移至4 ℃冰箱5~10 min后再观察结果,液化的明胶不再凝固为阳性。

【思考题】

(1) 如何取材进行微生物学检查并明确诊断?

(2) 如何证明分离出来的细菌具有毒力?

【附录】

1. 吕氏血清斜面

(1) 成分:100 g/L葡萄糖肉汤1份、小牛血清(或兔、羊、马血清)3份。

(2) 制法:用无菌操作法将上述成分混合于灭菌三角烧瓶中。无菌分装于15 mm×150 mm灭菌试管,每管3~5 mL,将试管斜置于血清凝固器内,间歇灭菌3天。第1天徐徐加热至85 ℃,维持30 min,使血清凝固,置37 ℃温箱过夜;第2天和第3天再用85~90 ℃灭菌30 min,取出后置4 ℃冰箱中备用。用于白喉棒状杆菌培养,观察异染颗粒。

2. Albert染色液的配制

(1) 成分

① 甲液:甲苯胺蓝0.15 g,孔雀绿0.2 g、冰醋酸1 mL、95%乙醇2 mL、蒸馏水100 mL。

② 乙液:碘2.0 g、碘化钾3.0 g、蒸馏水300 mL。

(2) 制法

① 甲液:将甲苯胺蓝、孔雀绿放于研钵内,加95%乙醇研磨使其溶解,然后边研磨边加冰醋酸和水,存储于瓶内,放室温过夜,次日用滤纸过滤后装入棕色瓶中,置阴暗处备用。

② 乙液:将碘和碘化钾混合,加双蒸水少许,充分振摇,待完全溶解后再加双蒸水至300 mL。

(高淑娴)

实验十六 支原体、衣原体、立克次体、螺旋体

支原体、衣原体、立克次体和螺旋体等四体在形态结构、培养特性及致病性方面各有不同,因此,掌握四体中常见病原体的生物学特征及实验诊断方法,对了解其致病性和病原学诊断有重要意义。

任务一 支 原 体

【实验目的】

掌握支原体形态及菌落特点。

【实验材料】

(1) 示教片:支原体形态和菌落示教片。
(2) 培养基:支原体培养基、支原体培养和鉴别用液体培养基。
(3) 其他:普通光学显微镜。

【实验内容】

(1) 形态观察:观察支原体形态示教片,可见支原体个体微小,呈多形性,有球形、杆状和丝状体等不规则形态。革兰染色阴性,但不易着色。吉姆萨染色呈淡紫蓝色。

(2) 菌落观察:观察肺炎支原体菌落示教片,可见菌落呈圆形,边缘整齐,有一个致密的中心区,周围环以浅色带,形似"油煎蛋"(图 16.1)。

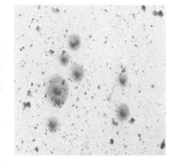

图 16.1 支原体"荷包蛋"样菌落 (×400)

任务二　衣　原　体

【实验目的】

掌握沙眼衣原体包涵体特征。

【实验材料】

(1) 沙眼衣原体包涵体示教片。
(2) 普通光学显微镜。

【实验内容】

形态观察:观察衣原体包涵体姬姆萨染色示教片,可见上皮细胞浆内排列较疏松,染成深蓝色或暗紫色的包涵体,呈帽型、桑葚型、填塞型或散在型。

任务三　立　克　次　体

【实验目的】

(1) 了解立克次体的形态和染色。
(2) 掌握外斐实验的原理及应用价值,熟悉其操作过程。

【实验材料】

(1) 示教片:恙虫病立克次体示教片。
(2) 菌种:变形杆菌(OX_{19}、OX_2、OX_k诊断菌液)。

【实验内容】

一、形态与染色

1. 方法

(1) 姬姆萨染色:标本涂片加热固定后,滴加 Giemsa 染色液,室温孵育 30 min,

水洗晾干,油镜下观察形态。

(2) 吉曼尼兹染色:标本涂片加热固定,滴加复红染液(使用前 37 ℃ 水浴预热 48 h)3～5 min,水洗,滴加 0.8% 孔雀绿染液 30～60 s,水洗,晾干后,油镜下观察。

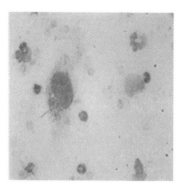

图 16.2　立克次体姬姆萨染色
(×1,000)

2. 结果

(1) 姬姆萨染色:镜下可见完整或破碎细胞,细胞核染成紫红色,细胞质染成浅蓝色,恙虫病立克次体染成紫色,两端浓染,多形性,长 0.3～0.5 μm,宽 0.15～0.4 μm,聚集成堆于细胞核旁,亦可散在于胞浆内或胞浆外(图 16.2)。

(2) 吉曼尼兹染色:油镜下可见 Q 热立克次体呈鲜红色,短杆状或球杆状,较小,一般为 0.12～1.5 μm,散在于胞浆内或胞浆外,亦可聚集成堆,类似包涵体样集落,背景被染成绿色(图 16.2)。

二、外-斐反应(Weil-Felix)

1. 原理

由于立克次体与变形杆菌的某些菌株(OX$_{19}$、OX$_2$、OX$_k$)之间有共同的耐热多糖抗原,且变形杆菌易于培养,故可利用变形杆菌的菌体作为抗原,与病人血清做试管凝集反应,以辅助立克次体病的诊断。

2. 方法

(1) 取无菌小试管 30 支,每排 10 支,一共 3 排。

(2) 将待检血清以无菌生理盐水进行连续倍比稀释,依次为 1∶10、1∶20、1∶40 至 1∶2 560,在每一横排 1～9 管中各加入不同稀释度的血清 0.5 mL,每排最后一管中加入无菌生理盐水 0.5 mL 代替血清作为阴性对照。

(3) 将 OX$_{19}$、OX$_2$ 及 OX$_k$ 三株变形杆菌菌液,以无菌生理盐水稀释成 9×10^8 个/mL 菌液后,分别加入三排的 10 支小试管内,每管 0.5 mL,最后每只小试管液体总量为 1 mL。

(4) 充分混匀后,于 37 ℃ 温箱中孵育过夜,第二天观察实验结果。

3. 结果

最终实验结果参照表 16.1,单份血清凝集效价超过 1∶160 有诊断意义,急性期和恢复期双份血清效价增长 4 倍以上,可作为立克次体病辅助诊断。

表 16.1 外-斐反应

立克次体病	OX_{19}	OX_2	OX_k
流行性斑疹伤寒、地方性斑疹伤寒	+ + +	+	—
恙虫病	—	—	+ + +
Q 热	—	—	—
斑点热	+ +	+ + +	—

【注意事项】

(1) 实验结果观察应在光亮处先观察管底凝集状态,然后轻轻摇动判定实验结果,不可剧烈振荡以免打散管底凝聚物。

(2) 变形杆菌菌液稀释后应及时使用,菌液中有凝聚不散的凝块时,不可使用。

(3) 因布氏杆菌病、回归热及孕妇等人群血清抗体滴度也有所增高。因此,此反应仅可作为立克次体病的辅助诊断,在实验患者血清抗体滴度增高的情况下,应结合临床症状做出最后诊断。

任务四 螺 旋 体

【实验目的】

(1) 掌握问号状钩端螺旋体的培养特性。

(2) 掌握螺旋体镀银染色方法及形态特征。

(3) 熟悉螺旋体显微镜凝集实验的原理、操作和结果判断。

(4) 了解梅毒螺旋体血清学筛选和确证实验。

【实验材料】

(1) 标本:待检梅毒血清标本,疑似钩体病患者血液及尿液标本。

(2) 培养基:柯氏(Korthof)培养基。

(3) 试剂:冯泰纳(Fontana)镀银染色液、生理盐水、PBS 缓冲液、TRUST 试剂盒、RPR 试剂盒、TPPA 试剂盒等。

(4) 器材及其他:载玻片、牙签、显微镜、微量吸管、生理盐水、香柏油、二甲苯、微量 U 型反应板、微量加样器、微量移液管、暗视野显微镜等。

【实验内容】

一、螺旋体镀银染色及形态观察：口腔螺旋体镀银染色法

1. 方法

（1）滴加生理盐水一滴于载玻片中央，牙签刮取口腔中牙垢少许与生理盐水混合，涂成均匀薄膜状。

（2）涂片干燥后，滴加固定液，1 min后，细流水冲洗。

（3）滴加鞣酸媒染液，酒精灯火焰加温至有蒸汽冒出，此时计时30 s，细流水冲洗染液。

（4）滴加硝酸银染液，微加温，染色30 s，水洗，镜检。

2. 结果

镜下背景为淡黄褐色至棕黑色，菌体稍弯曲，成疏螺旋形，染成棕褐或黑褐色（图16.3）。

图16.3　螺旋体的镀银染色

二、问号状钩端螺旋体培养技术

1. 标本采集及处理

疑似钩体病患者，发病一周内采集血液标本2～3 mL，分别取0.5 mL或0.25 mL接种于柯氏培养基中，一般血液标本与液体培养基比例在1∶10～1∶20为宜；发病1～2周之内，无菌条件下取患者中段尿，低温离心（10 ℃、4 000 rpm×3 min），取沉淀接种于柯氏培养基中。

2. 方法

将接种后的培养基置于28 ℃孵育1～2周。

3. 结果

第3天起每天或定期检查一次，一般在7～10天为繁殖高峰期。若有钩体生长，靠近培养基液面部分呈半透明、云雾状混浊状态，轻轻摇动可见絮状物。若培养至4周无钩体生长，则为钩体培养阴性。

三、螺旋体显微镜凝集实验

1. 原理

显微镜凝集实验（microscopic agglutination，MAT）是一种血清学反应，在临

床实验室通常被用来检测人血清中抗体或用已知血清鉴定分离得到的钩端螺旋体型别,其具有型特异性。钩端螺旋体运动活泼,遇到同型免疫血清则会发生凝集反应,当血清高倍稀释后与钩体混合,暗视野显微镜下可见数根钩体一端钩连在一起,另一端呈放射状散开,形如蜘蛛状;血清中倍稀释时,菌体既有凝集,又有轻度溶解,此时称为凝集溶解反应;血清低倍稀释时,可使菌体出现强烈的溶解破坏(血清中的补体可在数分钟内使凝集的菌体溶解),呈残絮状、蝌蚪状或颗粒状。因此,本实验可用于钩体型别鉴定和钩体病患者血清中的抗体效价判断。

2. 方法(微孔板法)

(1) 稀释血清:用生理盐水将患者血清按 $1:50,1:100,1:150,1:200,1:400,1:800$ 等比例进行不同浓度稀释,取上述各稀释度血清 $100\,\mu L$ 加入 96 孔板每排 $1\sim6$ 孔中,第 7 孔加 $100\,\mu L$ 生理盐水作为阴性对照。所设排数依标准钩体型别数目而定。

(2) 滴加抗原:分别向每排各孔中加入不同型别钩体液体培养物 $100\,\mu L$,充分混匀后置于 37 ℃作用 2 h。

(3) 取出微孔反应板,用毛细管取各孔中反应悬液 1 滴置于载玻片上,覆以盖玻片,按照前述暗视野显微镜观察方法,高倍镜下观察结果,见表 16.2。

表 16.2　显微镜凝集实验(微孔板法)

孔号 含量(μL)	1	2	3	4	5	6	7
血清稀释度	1:50	1:100	1:150	1:200	1:400	1:800	阴性对照
被间血清量	100	100	100	100	100	100	—
生理盐水	—	—	—	—	—	—	100
不同型别钩体培养物 加入不同排每孔	100	100	100	100	100	100	100
最终血清稀释度	1:100	1:200	1:300	1:400	1:800	1:1600	—
37 ℃反应 2 h,暗视野显微镜下观察实验结果							
假定结果	++++	++++	+++	++	++	+	

3. 结果

暗视野显微镜下开始可见单个螺旋体失去正常形态,然后形成块状或交织成团状,继之溶解成颗粒状。结果判断标准以暗视野下凝集情况与游离活钩体比例来判定结果,标准如下:

(1) -:全部钩体呈正常分散存在,无凝集现象,菌体数量与阴性对照孔相同。

(2) +:约 25% 钩体凝集呈蜘蛛状,75% 钩体呈游离状态。

(3) ++:约 50% 钩体凝集呈蜘蛛状,其余 50% 钩体呈正常游离状态。

（4）＋＋＋：约 75％钩体凝集或溶解，呈蜘蛛状、蝌蚪状或块状，约 25％钩体游离。

（5）＋＋＋＋：几乎 100％钩体凝集或被溶解，呈蜘蛛状、蝌蚪状或块状，偶见极少数活钩体呈现游离状态。

以出现＋＋的最高稀释度为该血清凝集效价，凝集效价＞1∶300 或双份血清效价增高 4 倍以上有诊断意义；根据待检菌与相应型别血清发生凝集反应效价可判定待检菌血清型别。

【附录】

1. 柯氏培养基的配制

（1）成分：蛋白胨 400 mg，氯化钠 700 mg，碳酸氢钠 10 mg，氯化钾 20 mg，氯化钙 20 mg，磷酸二氢钾 120 mg，磷酸氢二钠 440 mg。

（2）配制：将上述成分溶于蒸馏水 500 mL 中，煮沸 20 min，滤纸过滤，调 pH 至 7.2，三角烧瓶分装，每瓶 100 mL，高压蒸汽灭菌。无菌兔血清于 56 ℃热水浴灭活 30 min，在上述 100 mL 培养液中加入无菌热灭活兔血清 8～10 mL，充分混匀，分装于无菌试管，5 mL/管，质控无菌后，置于 4 ℃冰箱中备用。

2. 冯泰纳镀银染液的配制

（1）成分

① 罗吉固定液：冰醋酸 1 mL，甲醛液 2 mL，蒸馏水 100 mL。

② 鞣酸媒染液：鞣酸 5 g，石炭酸 1 g，蒸馏水 100 mL。

③ 冯泰纳镀银染液：硝酸银 5 g，蒸馏水 100 mL。

（2）配制：使用前取冯泰纳镀银染色液 20 mL，逐滴加入 100 g/L 氢氧化铵液，直至产生棕色沉淀，轻轻摇动后又可完全溶解，微出现乳白色沉淀为适度。

（高淑娴）

实验十七　病原性真菌

与医学有关的真菌约有 400 种,常见的有 50～100 种,可引起人类感染性、中毒性及超敏反应性疾病。根据感染部位可分为浅部感染真菌和深层感染真菌,浅部感染真菌寄生或腐生于表皮角质、毛发、甲板的真菌,它们一般不侵入组织或内脏,故不引起全身感染;深部感染真菌是指侵犯表皮及其附属器以外的组织和器官的病原性真菌或机会致病性真菌。

任务一　浅部感染真菌

【实验目的】

(1) 熟悉浅部真菌形态结构。
(2) 熟悉浅部真菌的培养特性
(3) 了解浅部真菌的检查方法。

【实验材料】

(1) 菌种:皮肤癣菌(红色毛癣菌)
(2) 材料:病人的甲屑、皮屑或毛发,10% KOH 溶液,载玻片,盖玻片,乳酸酚棉蓝染色液,马铃薯葡萄糖琼脂培养基,小镊子,普通光学显微镜等。

【实验内容】

一、形态特征

1. 方法
(1) 采标本:用钝刀在手、足、体癣损害部位边缘轻轻刮取皮屑,甲癣可用小刀刮取病损指(趾)甲深层碎屑。
(2) 制片:用小镊子取少许皮(甲)屑标本置于载玻片中央,滴 1～2 滴 10%

KOH溶液,覆加一盖玻片,在火焰上缓慢加热,以加速角质溶解,使标本透明,然后轻轻加压成薄片,驱走气泡并吸去周围溢液。

（3）染色:制片经乳酸酚棉蓝染色,镜检观察菌丝和孢子的特征。

2. 结果

红色毛癣菌菌丝有隔,可见较多侧生的梨状小分生孢子,无柄或短柄,大分生孢子较少见,可见球拍状和结节状菌丝(图17.1)。

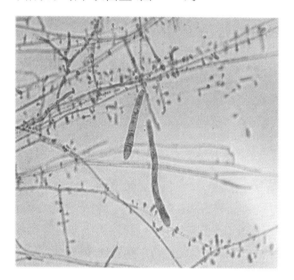

图17.1 红色毛癣菌乳酸酚棉蓝染色镜下的形态

二、菌落特征

1. 方法

将上述处理标本于沙氏琼脂斜面分离培养,25 ℃培养,每周观察菌落形态及颜色,直至第4周。

2. 结果

红色毛癣菌菌落呈绒毛状或粉末状,粉红色或红色,边缘不整齐(图17.2)。

三、生化特征

色素形成实验:红色毛癣菌在马铃薯葡萄糖琼脂培养基上产生红色色素。

【**注意事项**】

取皮肤癣菌制片染色时,要规范操作,防止孢子扩散。

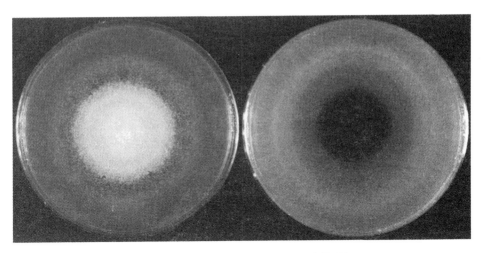

图 17.2　红色毛癣菌沙保弱培养基菌落特征

任务二　深部感染真菌

【实验目的】

（1）掌握深部感染真菌的形态结构和培养特性。

（2）熟悉深部感染真菌的鉴定要点。

（3）了解深部真菌的致病性。

【实验材料】

（1）菌种：白色念珠菌、新生隐球菌。

（2）试剂和材料：革兰染色液、优质墨汁、小牛血清、沙保弱培养基、玉米粉 Tween-80 琼脂平板、血琼脂平板等。

（3）其他：盖玻片、载玻片、无菌试管、光学显微镜等。

【实验内容】

一、形态特征

1. 方法

（1）白色念珠菌：无菌挑取白色念珠菌培养物制片，革兰染色镜检。

（2）新生隐球菌：无菌挑取新生隐球菌培养物或脑脊液等液体标本，经离心后取沉淀物制片，革兰染色或墨汁染色镜检。

2. 结果

（1）白色念珠菌：革兰染色阳性，菌体圆形或卵圆形，芽生孢子也为卵圆形。白色念珠菌的芽生孢子不与母细胞脱离而形成假菌丝（图 17.3）。

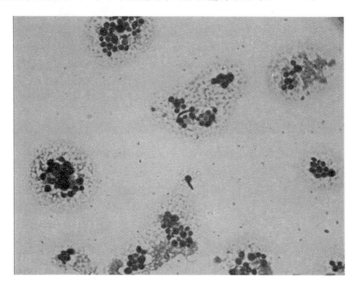

图 17.3　白色念珠菌革兰染色镜下的形态

（2）新生隐球菌：革兰染色阳性，菌体圆形，可见圆形芽生孢子。墨汁染色在黑色背景下，新生隐球菌圆形菌体外有一层宽厚的透明荚膜（图 17.4）。

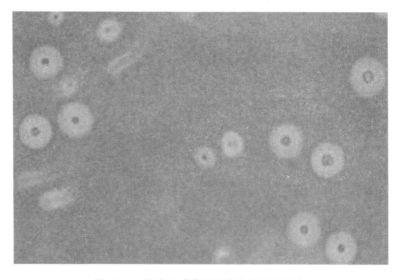

图 17.4　新生隐球菌墨汁染色镜下的形态

【注意事项】

(1) 如无印度墨汁时,也可选用其他墨汁或墨水替代,但颗粒不能太粗以免影响观察。

(2) 液体标本均应离心后取沉淀物与染液混合,以提高检出率。

(3) 保证结果正确可靠,提高责任心,做到全片检查。

二、菌落特征

1. 方法

(1) 白色念珠菌:无菌操作挑取过夜培养物,分别接种于血琼脂平板、沙保弱培养基、玉米粉 Tween-80 琼脂平板等培养基,35 ℃培养 24～48 h 后观察菌落特征。

(2) 新生隐球菌:无菌操作挑取过夜培养物,分别接种于血琼脂平板、沙保弱培养基,35 ℃培养 24～48 h 后观察菌落特征。

2. 结果

(1) 白色念珠菌:在血琼脂平板和沙保弱培养基上出现灰白或奶油色、带有酵母气味的类酵母型菌落。在玉米粉 Tween-80 琼脂平板菌落上出现同前两种培养基菌落一样的菌落,可形成丰富的假菌丝和厚膜孢子(图 17.5)。

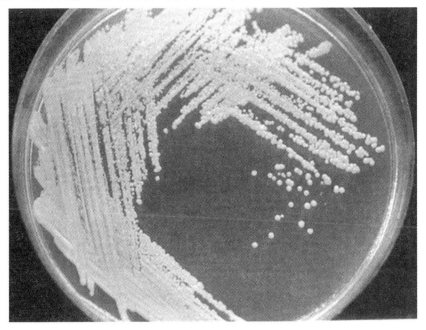

图 17.5　白色念珠菌沙保弱培养基菌落特征

（2）新生隐球菌：在血琼脂平板和沙保弱培养基上初为白色或奶油色、黏稠酵母型菌落，后期转为黄色或淡褐色、黏液样酵母型菌落（图 17.6）。

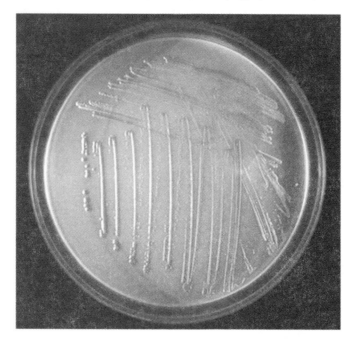

图 17.6　新生隐球菌沙保弱培养基菌落特征

三、生化特征

（1）糖发酵实验：将白色念珠菌和新生隐球菌培养物接种葡萄糖和麦芽糖发酵管，25 ℃培养，观察 2～3 天，对不发酵或弱发酵管可延长至 10 天或 2～4 周。白色念珠菌可发酵葡萄糖、麦芽糖产酸产气，隐球菌不能发酵葡萄糖和麦芽糖。

（2）芽管形成实验：将白色念珠菌培养物或液体标本接种在 0.2～0.5 mL 小牛血清中，35 ℃培养 1.5～4 h，镜检观察有无芽管形成。白色念珠菌可形成芽管，但也偶见不形成芽管的（图 17.7）。

（3）厚膜孢子形成实验：将白色念珠菌培养物接种于玉米粉培养基 25 ℃培养 1～2 天后，观察菌丝顶端、侧缘或中间有无厚膜孢子形成。白色念珠菌可形成厚膜孢子（图 17.8）。

【注意事项】

（1）真菌培养周期要长于细菌，结果观察一般需 2～3 天。

（2）白色念珠菌和新生隐球菌多属深部感染真菌，培养温度常用 35 ℃。

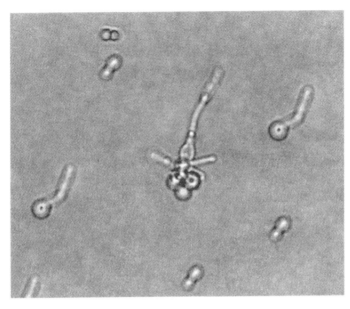

图 17.7　白色念珠菌芽管形成实验高倍镜镜下形态

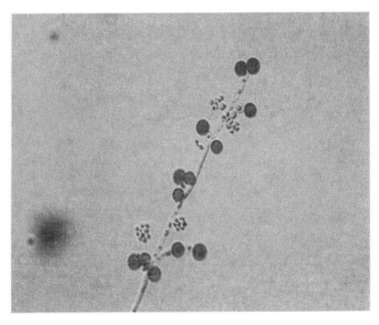

图 17.8　白色念珠菌厚膜孢子实验棉蓝染色镜下形态

【思考题】

（1）一位女性阴道炎患者阴道分泌物革兰染色查见有革兰阳性酵母菌及假菌

丝,请问该患者可能是什么病原体感染? 简述其主要生物学特性和微生物学诊断要点。

(2) 镜下如何区别假菌丝和真菌丝? 各有何特点?

(3) 白色念珠菌和新生隐球菌的镜下形态各有何特征? 菌落形态有何区别?

【附录】

真菌常用培养基制备如下:

1. 明胶培养基的配制

(1) 成分:NaCl 5 g、蛋白胨 10 g、牛肉膏 3 g、明胶 120 g、蒸馏水 1 000 mL。

(2) 制法:在水浴锅中将上述成分溶化,不断搅拌。溶化后调 pH 7.2~7.4,121 ℃灭菌 30 min。

2. 淀粉培养基的配制

(1) 成分:牛肉膏 0.5 g、蛋白胨 1 g、氯化钠 0.5 g、可溶性淀粉 0.2 g、水 100 mL。

(2) 制法:pH 7.0~7.2,琼脂 2 g,115 ℃灭菌 20 min。

3. 玉米粉培养基的配制

取玉米粉 30 g、琼脂 17 g、水 1 000 mL,115 ℃灭菌 20 min。

(高淑娴)

实验十八　病　　毒

病毒性疾病在人类疾病中占有十分重要的地位，病毒是非细胞型微生物，病毒感染的检查方法不同于细菌等其他微生物，主要包括形态学检查、细胞培养、鸡胚接种、免疫学及分子生物学检测等。

任务一　病毒的形态观察

【实验目的】

掌握病毒形态学检查的方法。

【实验材料】

甲型肝炎病毒的电镜照片。

【实验内容】

电镜下观察甲型肝炎病毒

HAV 呈球形，直径为 27～32 nm，无包膜，由 32 个亚单位结构组成 20 面对称体颗粒。电镜下见实心和空心两种颗粒，实心颗粒为完整的 HAV，有传染性；空心颗粒为未成熟的不含 RNA 的颗粒，具有抗原性，但无传染性。HAV 基因组为单股线状 RNA，全长由 7 478 个核苷酸组成。

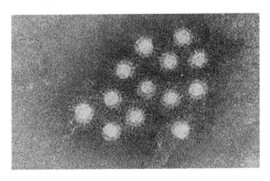

图 18.1　甲型肝炎病毒

【思考题】

请绘出电镜下甲型肝炎病毒的图片。

任务二　病毒的培养方法

目前病毒的分离与鉴定仍是病毒感染性疾病病原学诊断的"金标准",病毒分离常用的方法有鸡胚培养、组织细胞培养及动物接种。

【实验目的】

(1)掌握病毒鸡胚培养的基本方法。

(2)掌握原代单层细胞培养方法。

(3)了解病毒小白鼠滴鼻感染和脑内接种的方法。

【实验材料】

(1)病毒液:Ⅱ型单纯疱疹病毒悬液、流行性感冒病毒悬液、乙型脑炎病毒悬液、鼠肺适应株流感病毒液。

(2)动物及鸡胚:小白鼠、来亨鸡受精卵、9～11日龄鸡胚。

(3)试剂:细胞生长液、细胞维持液、2.5 g/L 胰酶、青霉素、链霉素、5.6% $NaHCO_3$、Hanks 液、无菌蒸馏水、无菌生理盐水、2.5%碘酒、70%乙醇。

(4)器材及相关:检卵灯、卵盘、开卵钻、镊子、手术刀、剪刀、橡皮乳头、透明胶带、培养瓶、培养皿、96孔培养板、1 mL 注射器、吸管、滴管、三角烧瓶、小试管,水浴箱、CO_2培养箱、倒置显微镜等。

【实验内容】

一、鸡胚培养

将表面光滑干净的来亨鸡受精卵,置 38～39 ℃孵卵器内孵育,相对湿度为40%～70%,每日翻动鸡胚1次。从第4天起,用检卵灯观察鸡胚发育情况,淘汰未受精卵;受精卵可见清晰的血管和鸡胚的暗影,随着转动鸡胚可见胚影活动。以后每天观察一次,生长良好的鸡胚孵育到适当的胚龄,用以下方式接种病毒液进行培养。

1. 绒毛尿囊膜接种

(1)取12日龄鸡胚,在检卵灯下标记出胚胎位置及大血管处。在无大血管走行的卵壳处消毒后用小锯片在其上锯一三角形窗,同时用无菌刀尖在气室顶部开一小孔。

（2）用针头挑去三角形窗处的卵壳,勿伤及壳膜,滴加无菌生理盐水1滴于壳膜上。用橡皮乳头从气室小孔吸气,可见羊水被吸下,绒毛尿囊膜下沉,去壳膜后可见壳膜与尿囊膜之间形成人工气室。

（3）吸取0.2～0.5 mLⅡ型单纯疱疹病毒悬液滴于绒毛尿囊膜上,用透明胶带封口。置孵箱37℃孵育4～5天后收获。

（4）消毒后剪开气室,绒毛尿囊膜上可见明显疹斑,用无菌剪刀剪下接种面及周围的绒毛尿囊膜,置于无菌培养皿内,低温保存、备用(图18.2)。

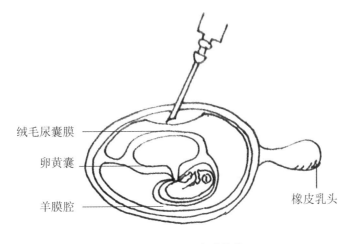

绒毛尿囊膜

卵黄囊

羊膜腔

橡皮乳头

图 18.2 绒毛尿囊膜接种

2. 尿囊腔接种

（1）取9～11日龄鸡胚,在检卵灯下面划出气室界限,于胚胎面与气室交界的边缘上约1 mm处或在胚胎的对侧处,避开血管作一标记,并以此作为注射点。

（2）消毒后,用无菌刀尖在标记处打一小孔。用无菌注射器吸取流行性感冒病毒悬液,从小孔处刺入5 mm,注入病毒液0.1～0.2 mL。

（3）用透明胶带封闭注射孔,置35℃孵育。每日检查鸡胚情况,如鸡胚在接种后24 h内死亡者为非特异性死亡,弃之。

（4）孵育48～72 h取出,放4℃冰箱过夜。次日取出鸡胚,消毒气室部位卵壳,用无菌剪刀沿气室线上缘剪去卵壳,用无菌镊子撕去卵膜。用无菌毛细吸管吸取尿囊液,收集于无菌试管内,备用(图18.3)。

3. 卵黄囊接种

（1）取6～8日龄鸡胚,于检卵灯下面划出气室及胚胎位置,垂直置于卵架,气室端向上。

（2）消毒气室中央卵壳,用无菌刀尖开一小孔。用装有12号长针头的1 mL注射器吸取乙型脑炎病毒悬液,自小孔刺入,对准胚胎对侧,垂直接种于卵黄囊内,深度为35 mm左右,注入病毒悬液0.2～0.5 mL。

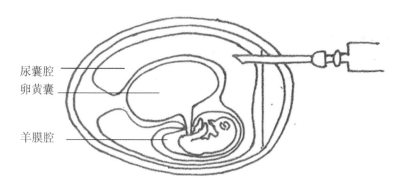

图 18.3　尿囊腔接种

（3）透明胶带封口，置 37 ℃孵育，每天检卵并翻动 2 次。

（4）取孵育 24 h 以上濒死的鸡胚，于气室端开窗，用镊子提起卵黄囊蒂，挤出卵黄囊液，用无菌生理盐水洗去卵黄囊上的囊液后，将囊置于无菌培养皿内，低温保存、备用（图 18.4）。

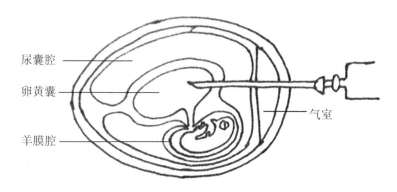

图 18.4　卵黄囊接种

4．羊膜腔接种

（1）取 12 日龄鸡胚，在检卵灯下标出气室及胚胎位置。

（2）消毒气室部卵壳，在气室顶开一方形窗，选择无大血管处，用无菌镊子快速刺破绒毛尿囊膜进入尿囊后，再夹起羊膜，轻轻地从绒毛尿囊破裂处拉出，以 1 mL 注射器刺破羊膜，注入流行性感冒病毒悬液 0.1～0.2 mL。用镊子将羊膜轻轻送回原位，用透明胶带封闭气室端开窗，置 35 ℃孵育 3～5 天。

（3）收获时，先消毒气室部，剪去壳膜及绒毛尿囊膜，吸弃尿囊液，夹起羊膜，用细头毛细吸管刺入羊膜腔内吸取羊水，收集于无菌小瓶内冷藏、备用（图 18.5）。

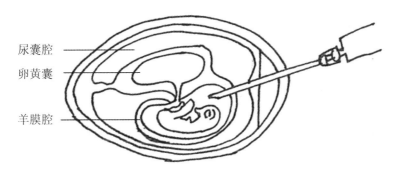

尿囊腔

卵黄囊

羊膜腔

图 18.5　羊膜腔接种

二、组织细胞培养(鸡胚单层细胞培养)

1. 鸡胚采集

将 9～11 日龄鸡胚置于蛋架上,消毒气室部,剪除气室部卵壳,用无菌镊子轻轻取出鸡胚放在无菌平皿中。去除鸡胚的头、爪、内脏及骨骼,Hanks 液洗 3 次,用无菌眼科剪将鸡胚组织剪成 1 mm³ 的大小组织块,再用含有双抗的 Hanks 液洗 2 次,然后将鸡胚组织移入无菌小三角烧瓶内。

2. 胰酶消化

吸弃洗液,根据下沉的鸡胚组织块量的多少,加入 5 倍量的 2.5 g/L 胰酶溶液,塞好瓶口,置 37 ℃水浴箱中消化 15～30 min(视其组织块聚合成一团,表面呈绒毛状决定消化时间长短),吸弃胰酶液,用冷 Hanks 液轻洗 1～3 次,以去除残存的胰酶。

3. 分散细胞

吸净 Hanks 液后,加入 10 mL 不含血清的营养液,用大口吸管反复吹打细胞悬液,使细胞充分分散,再将细胞悬液通过不锈钢筛网。

4. 细胞计数

吸取 0.1 mL 细胞悬液、0.8 mL Hanks 液、0.1 mL(0.4%)台盼蓝染液于小试管中混匀,取少许滴入血细胞计数盘内,按白细胞计数法数出 4 个大方格内活细胞(未染成蓝色的)总数,用下列公式计算每毫升细胞数:

$$细胞数/mL = \frac{4 \text{ 个大方格内活细胞总数}}{4} \times 10\,000 \times 稀释倍数(10)$$

5. 细胞分装培养

经台盼蓝拒染实验证明活细胞必须在 90%以上,方可分装。根据细胞计数用生长液将细胞浓度调至$(3\sim5)\times10^5$个/mL,分装于培养瓶内。平放于 5% CO_2 孵箱内在 37 ℃下孵育,一般 4 h 细胞贴壁,2～3 天后可于倒置显微镜下看到成片的单层成纤维样细胞。

三、动物接种

1. 小白鼠滴鼻感染法

将小白鼠放入装有乙醚棉球的容器中,小白鼠麻醉后用左手拇指及食指抓住小白鼠耳部使其头部朝前并呈仰卧位置,右手将事先吸有病毒液的滴管靠近其鼻尖,使其液滴随呼吸带入。一般滴入量为 0.03～0.05 mL。小白鼠苏醒后放入鼠笼逐日观察。

2. 小白鼠脑内接种法

用左手将小白鼠的头部和体部固定于实验台,用碘酒、酒精消毒头部右侧眼、耳之间的部位,用 1 mL 注射器吸取病毒液,在小白鼠眼与耳根连线的中点处垂直刺入 2～3 mm,缓慢推进 0.02～0.03 mL 病毒液,3～4 天小鼠发病。

【注意事项】

(1) 接种鸡胚所用器材和物品均需无菌处理,严格遵守无菌操作,注射器抽取病毒液后排气时,针头处放一无菌干棉球,防止病毒液溅出,为防止操作过程中造成人员感染,应严格按照实验室生物安全相关规定操作。

(2) 鸡胚接种后 24 h 内死亡的为非特异性死亡,应弃去。

(3) 动物接种实验,应根据病毒种类、实验目的不同,选择合适的实验动物,注意其易感性、健康状况、大小、体重、雌雄及品系,而且动物实验室必须达到相应等级,注意实验室安全。

【思考题】

(1) 病毒鸡胚接种有哪些途径?

(2) 鸡胚培养常用于哪些病毒的分离?

(3) 简述鸡胚单层细胞培养的制备方法。

(4) 在病毒的研究中常用的动物有哪些?

(5) 小白鼠脑内接种法和小白鼠滴鼻感染法可用于哪些病毒的研究?

【知识拓展】

(1) 鸡胚是正在发育中的机体,多种动物病毒能在鸡胚中增殖和传代,并可用鸡胚制备某些病毒抗原、疫苗和卵黄抗体等。鸡胚的优点在于胚胎的组织分化程度低,又可选择不同的日龄和接种途径;病毒易于增殖,感染病毒的组织和液体中含有大量病毒,容易采集和处理,而且来源充足,设备和操作简便易行。

(2) 单层细胞培养是研究病毒生物学特性以及病毒与细胞相互作用过程的合

适模型。应用单层细胞培养病毒,常可获得大量高效价的病毒液,用以制造特异性病毒抗原或病毒疫苗。由于单层细胞培养法的设备条件和操作方法比较简单,因此单层细胞培养已是当前病毒学中应用最广泛的一种细胞培养法。

(3) 实验动物在病毒的研究中具有重要作用,如乳鼠、小白鼠、豚鼠、家兔、雪貂以及灵长类动物黑猩猩、猕猴等,主要用于分离病毒,并借助感染范围实验鉴定病毒;培养病毒,制造抗原和疫苗;测定各毒株之间的抗原关系,如用实验动物做中和实验和交叉保护实验;制备免疫血清和单克隆抗体;做病毒感染的实验研究,包括病毒毒力测定、建立病毒动物模型等。

【附录】

1. Hanks 原液的配制

(1) A 液

NaCl	80 g	
KCl	4 g	加双蒸水至400 mL
MgSO₄ · 7H₂O	2 g	
MgCl₂	1 g	加双蒸水至100 mL
CaCl₂	1.4 g	

将试剂按顺序分别溶解混合后,加氯仿1 mL,4 ℃保存。

(2) B 液

Na₂HPO₄ · 12H₂O	1.25 g	将药品按顺序分别溶解
KH₂PO₄	0.6 g	
葡萄糖	10 g	
双蒸水	400 mL	
酚红	50 mL	

二者混合后加双蒸水至500 mL,再加氯仿1 mL,4 ℃保存。

(3) Hanks 应用液

A液	10 mL
B液	10 mL
双蒸水	178 mL
青、链霉素(P、S)	50mL

10磅10 min灭菌　用15.6% NaHCO₃调pH至7.2~7.4

2. 生长液的配制

取乳白蛋白水解物(0.5%)89 mL、小牛血清 10 mL、100×PS1 mL,调 pH 至7.2。

3. 维持液的配制

取乳白蛋白水解物(0.5%)97 mL、小牛血清 2 mL、100×PS 1 mL,调 pH 至7.2。

任务三　病毒的分子生物学检查

分子生物学技术具有特异性高、快速、灵敏的特点,同时样本需要量小,广泛应用于病毒核酸和蛋白质检测,有些已成为病毒学检验的常规方法,主要有聚合酶链反应、PCR-ELISA、核酸分子杂交技术及基因芯片技术等,本节主要介绍前两者。

一、快速 PCR 法检测 HAV DNA

【实验目的】

熟悉快速 PCR 法检测 HAV DNA 的原理及应用。

【实验材料】

(1) HAV 裂解液、PCR 反应混合液(包括 HBV 上游和下游引物、dNTPs)、Tag 聚合酶。

(2) 琼脂糖、溴乙啶、加样缓冲液、DNA marker、电泳缓冲液(TAE,pH 7.8)。

(3) HAV 待测血清、阳性对照血清。

(4) PCR 扩增仪、电泳仪、凝胶成像仪或紫外灯、薄壁 PCR 反应管等。

【实验内容】

1. 原理

血清或组织标本中的 HBV 颗粒经裂解、变性后,用 HBV 的特异性引物可以扩增出大量的 HAV DNA 片段,经过含溴乙锭的琼脂糖电泳后,紫外灯下或凝胶成像仪下可观察到相应的条带。

2. 方法

(1) 在薄壁 PCR 反应管中加待测血清 3 μL,裂解液 23 μL 混匀后,加入液体石蜡封顶。

(2) 65 ℃ 20 min、90 ℃ 10 min 后,加入 PCR 反应混合液 4 μL(含 Tag 聚合酶 1 U),94 ℃ 30 s、60 ℃ 45 s,30 个循环。

(3) 扩增产物的检测:取 PCR 反应产物 10 μL 与(1)~(2)加样缓冲液混合后上样电泳。同时上样 DNA marker。

(4) 可用 Hae Ⅲ PGEM 或 Hae Ⅲ PBR$_{322}$ 作为分子量标志,HAV-C 片断为 190 bp,于该处出现条带即为 HAV DNA,为阳性结果。

【注意事项】

(1) 待检样品不可溶血。

(2) 裂解液和 PCR 反应混合液使用前充分混匀。

(3) 加样量要求准确,酶加入量过大时常可造成非特异产物生成。

(4) 请勿使用经洗刷的试管、吸管及微量加样吸头,以防污染。

【附录】

1. 6%聚丙烯酰胺凝胶的配制

以配制 15 mL 为例:6%丙烯酰胺 15 mL,10%过硫酸铵 0.15 mL,TEMED 0.03 mL。将以上三种试剂混合后,轻摇 2～3 min(可防止胶内产生气泡)即可制备凝胶板。

2. 加样缓冲液配制

80%甲酰胺(V/V),0.1%溴酚兰(W/V),用 50 mmol/L Tris(pH 8.0)、1 mmol/L EDTA 配制。

二、PCR-ELISA 检测甲型肝炎病毒 DNA

【实验目的】

熟悉 PCR-ELISA 检测甲型肝炎病毒 DNA 的原理及应用。

【实验材料】

(1) 患者血清。

(2) 蛋白酶 K、TE 溶液、封闭液、PBS-T、5×SSC 杂交液等。

【实验内容】

1. 原理

PCR-ELISA 是一种在微孔板上对 PCR 产物进行的快速、非放射性检测技术,即在 PCR 扩增以后,在微孔板上利用酶联免疫吸附实验的原理,使用酶标二抗进行固相杂交显色,定量检测 PCR 产物。

PCR-ELISA 使用亲和素包被微孔板,用生物素标记捕获探针 3'-端(捕获探针 5'-端和待检靶序列 5'-端的一段序列互补),通过生物素与亲和素的交联作用将捕获探针固定在微孔上,制成固相捕获系统。另外,提取样本基因组 DNA,针对目的基因序列设计特异性引物,引物用抗原或生物素、地高辛、荧光素等进行标记,进行 PCR 扩增。然后令该 PCR 产物与事先标记的捕获性探针进行杂交,使目的基因序列被捕获。再在微孔中加入用辣根过氧化物酶等标记的抗体,抗体与靶序列上的抗原结合,加入底物使之显色,测定 OD 值,半定量检测特定基因 DNA 序列。

2. 方法

(1) 核酸的提取和制备

血清样本 100 μL 加入 10%体积的 SDS(使其终浓度为 0.2%)和蛋白酶 K(其最终浓度为 100 μg/mL),60 ℃消化 1 h;加等体积的苯酚:氯仿:异戊醇混合物(体积比为 25:24:1),充分混匀,10 000×g 离心 5 min;将上层水相移入一新离心管中,加等体积的氯仿:异戊醇混合物(体积比为 24:1),充分混匀,10 000×g 离心 5 min;取上层水相,加入 1/10 体积约 3 mol/L 醋酸钠和 2 倍体积的冰无水乙醇,混匀;10 000×g 离心 10 min,弃上清;沉淀重悬于 1 mL 70%的乙醇溶液,10 000×g 离心 5 min,弃上清;重复上述步骤一次;在超净台中干燥沉淀;将沉淀溶于 30 μL TE 溶液中,−20 ℃保存备用。

(2) PCR 扩增

引物设计以及反应体系与普通 PCR 相同,仅在其中一条引物的 5′-端加以生物素或地高辛、荧光素等标记物标记。

① 微孔预杂交,制备固相捕获系统:用按一定比例稀释的亲和素包被酶标板,50 μL/孔(10 μg/mL)4 ℃过夜。用 PBS-T(0.1%Tween-20)液洗板 3～4 次,用封闭液封闭酶标板,37 ℃孵育 2 h,用 PBS-T 液洗板 3～4 次。

② 产物变性杂交:将已标记的 PCR 产物与 5×SSC 杂交液按 1:4 稀释混匀,100 μL/孔,37 ℃孵育 0.5～1 h,洗板同前。洗板后加入 0.1 mol/L NaOH,100 μL/孔,室温下变性 10 min。洗板后加入用杂交液稀释的已标记的探针,100 μL/孔,每孔浓度为 20 pmol/mL,55 ℃温育 30 min。

③ 显色、检测分析:洗板后加入稀释好的酶标二抗,100 μL/孔,37 ℃孵育 30 min。洗板后加入相应的显色剂显色,最后以 2 mol/L H_2SO_4 终止反应。酶标仪检测 OD 值。

【附录】

(1) TE 溶液:10 mmol/L Tris-HCl,1 mmol/L EDTA,调整 pH 至 8.0。

(2) 封闭液:5%脱脂奶粉,1 mg/mL 鲑鱼精 DNA。

(3) PBS-T:100 mL 10×PBS,加入 1 mL Tween-20,再加蒸馏水至 1 000 mL。

(4) 5×SSC 杂交液:0.75 mol/L NaCl,75 mmol/L 柠檬酸钠。

【注意事项】

(1) 避免污染,PCR-ELISA 是在 PCR 扩增之后进行 ELISA 反应,ELISA 反应是一个开放性的反应,在洗板过程中很容易产生污染,引起假阳性反应。为减少污染,PCR 与 ELISA 反应一定要严格分区,及时进行空间和仪器消毒,防止污染。

（2）整个操作过程中应佩戴手套，疑有污染时立即更换。

【思考题】

（1）检测 HBV DNA 有何临床意义？

（2）试述 PCR-ELISA 实验原理。

【知识拓展】

（1）PCR-ELISA 实验在 PCR 产物与标记探针的杂交过程中，不同的实验设计有不同的操作方法，有的先将 PCR 产物固定在微孔板上，再用探针进行杂交；有的直接将标记探针混入 PCR 反应液中，将扩增和杂交合为一体，可简化操作步骤，缩短反应时间，但要求合成 3′ 端不能延伸的探针。

（2）生物芯片技术是 20 世纪 90 年代中期以来影响最深远的重大科技进展之一，是现代微电子学、生物学、物理学、化学、信息科学和计算机等学科交叉产生的新技术，其特点是高通量、多样性、微型化和自动化等。生物芯片技术是通过缩微技术，根据分子间特异性相互作用的原理，将生命科学领域中不连续的分析过程集成于硅芯片或玻璃芯片表面的微型生物化学分析系统，以实现对细胞、蛋白质、基因及其他生物组分的准确、快速、大信息量的检测。生物芯片按其所固定的探针形式和应用范围的不同，分为基因芯片、蛋白质芯片、细胞芯片、组织芯片、糖芯片和微流体芯片等。

基因芯片是一种最重要的生物芯片，其原理是将数十个甚至几万个核酸探针以点阵的形式分布在大小约为 $1~cm^2$ 的片基上。用荧光分子标记待检测的目标基因，按碱基序列互补匹配的原理进行杂交。然后用双色或多色荧光图像扫描仪检测分析杂交结果，从而实现核酸序列的分子识别。其特点是可以一次性对大量样品序列进行检测和分析，实现生物基因信息的高通量检测。根据基因芯片的用途可分为基因表达谱芯片和核酸序列检测芯片。

蛋白芯片是将能与蛋白发生反应的探针分子固定在适当的载体上，针对蛋白质进行生物学或理化性质分析的微小装置。如果芯片上固定的探针分子是蛋白质，应能够维持蛋白质天然构象，维持其原有特定的生物活性。利用标记或非标记的方法检测芯片上固定的探针分子与目标蛋白质发生的相互作用，从而实现测定各种蛋白质的目的。

生物芯片在医学微生物学中应用广泛，可对细菌、病毒和真菌进行多重快速检查与鉴别，进行基因分型及分子流行病学调查；研究微生物的变异及耐药机制，进行抗微生物感染药物的研制；可分析基因序列，研究病原体基因的转录表达、抗原表达及细菌糖键的特异性研究。

（郑庆委）

实验十九　食品中菌落总数测定、大肠菌群计数

任务一　食品中菌落总数测定(GB 4789.2—2010)

食品中菌落总数的测定,目的在于判定食品被细菌污染的程度,反映食品在生产、加工、销售过程中是否符合安全要求,反映出食品的新鲜程度和安全状况。也可以应用这一方法观察细菌在食品中的繁殖动态,确定食品的保质期,以便在对被检样品进行安全学评价时提供依据。如果某一食品的菌落总数严重超标,说明其产品的安全状况达不到要求,同时食品将加速腐败变质,失去食用价值。

食品有可能被多种细菌所污染,每种细菌都有它一定的生理特性,培养时应用不同的营养条件及生理条件(如培养温度和培养时间、pH、需氧等)去满足其要求,才能分别将各种细菌培养出来。但在实际工作中,一般都只用一种常用的方法去做菌落总数的测定。按食品安全国家标准的规定,食品中菌落总数(aerobic plate count)是指食品检样经过处理,在一定条件下(如培养基、培养温度和培养时间、pH、需氧性质等)培养后,所得每克(毫升)检样中形成的细菌菌落总数。因此食品中菌落总数测定的结果并不表示样品中实际存在的所有细菌数量,仅仅反映在给定生长条件下可生长的细菌数量,即只包括一群能在计数琼脂平板上生长繁殖的嗜热中温性的需氧细菌。厌氧或微需氧菌、有特殊营养要求的以及非嗜中温的细菌,由于现有条件不能满足其生理需求,故难以繁殖生长。由于菌落总数并不能区分其中细菌的种类,所以有时被称为杂菌数、中温需氧菌数等。

由于食品的性质、处理方法及存放条件的不同,以致对食品卫生质量具有重要影响的细菌种类和相对数量比也不一致,因而目前在食品细菌数量和腐败变质之间还难于找出适用于任何情况的对应关系。同时,用于判定食品腐败变质的界限数值出入也较大。

国家标准菌落总数的测定采用标准平板培养计数法,根据检样的污染程度,做不同倍数稀释,选择其中的2~3个适宜的稀释度,与培养基混合,在一定培养条件下,每个能够生长繁殖的细菌细胞都可以在平板上形成一个可见的菌落。由此根据平板上生长的菌落数计算出计数稀释度(稀释倍数)和样品中的细菌含量。

【实验目的】

(1) 掌握食品中菌落总数测定的基本程序和要点。

(2) 学会对不同样品稀释度确定的原则。

【实验材料】

(1) 恒温培养箱:36 ℃±1 ℃,30 ℃±1 ℃;冰箱:2~5 ℃;恒温水浴箱:46 ℃±1 ℃;天平:感量为 0.1 g;均质器;振荡器;无菌吸管:1 mL(具有 0.01 mL 刻度)、10 mL(具有 0.1 mL 刻度)或微量移液器及吸头;无菌锥形瓶:容量 250 mL、500 mL;无菌培养皿:直径 90 mm;pH 计或 pH 比色管或精密 pH 试纸;放大镜或/和菌落计数器等。

(2) 微生物实验室常规灭菌及培养设备。

(3) 培养基和试剂:平板计数琼脂培养基、磷酸盐缓冲液、无菌生理盐水等。

(4) 样品:酱牛肉、奶粉、面包和饮用纯净水等。

【实验内容】

一、检验程序

菌落总数的检验程序见图 19.1。

二、操作步骤

1. 样品的稀释

(1) 固体和半固体样品:称取 25 g 样品置盛有 225 mL 磷酸盐缓冲液或生理盐水的无菌均质杯内,8 000~10 000 r/min 均质 1~2 min,或放入盛有 225 mL 稀释液的无菌均质袋中,用拍击式均质器拍打 1~2 min,制成 1∶10 的样品匀液。

(2) 液体样品:以无菌吸管吸取 25 mL 样品置盛有 225 mL 磷酸盐缓冲液或生理盐水的无菌锥形瓶(瓶内预置适当数量的无菌玻璃珠)中,充分混匀,制成 1∶10 的样品匀液。

(3) 用 1 mL 无菌吸管或微量移液器吸取 1∶10 样品匀液 1 mL,沿管壁缓慢注于盛有 9 mL 稀释液的无菌试管中(注意吸管或吸头尖端不要触及稀释液面),振摇试管或换用 1 支无菌吸管反复吹打使其混合均匀,制成 1∶100 的样品匀液。

(4) 按上述操作程序,制备 10 倍系列稀释样品匀液。每递增稀释一次,换用 1 次 1 mL 无菌吸管或吸头。

(5) 根据对样品污染状况的估计,选择 2~3 个适宜稀释度的样品匀液(液体

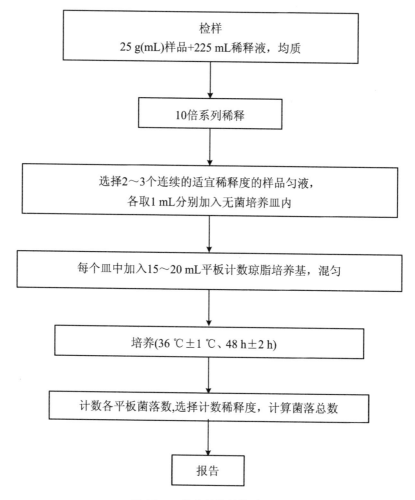

图 19.1 菌落总数的检验程序

样品可包括原液),在进行 10 倍递增稀释时,吸取 1 mL 样品匀液于无菌平皿内,每个稀释度做两个平皿。同时,分别吸取 1 mL 空白稀释液加入两个无菌平皿内作空白对照。

（6）及时将 15～20 mL 冷却至 46 ℃的平板计数琼脂培养基(可放置于 46 ℃±1 ℃恒温水浴箱中保温)倾注平皿,并转动平皿使其混合均匀。

2. 培养

（1）待琼脂凝固后,将平板翻转,36 ℃±1 ℃培养 48 h±2 h。水产品 30 ℃±1 ℃培养 72 h±3 h。

（2）如果样品中可能含有在琼脂培养基表面弥漫生长的菌落时,可在凝固后的琼脂表面覆盖一薄层琼脂培养基(约 4 mL),凝固后翻转平板,按上述条件进行培养。

3．菌落计数

可用肉眼观察，必要时用放大镜或菌落计数器，记录稀释倍数和相应的菌落数量。菌落计数以菌落形成单位(colony-forming units,CFU)表示。

(1) 选取菌落数在30~300 CFU 之间、无蔓延菌落生长的平板计数菌落总数。低于30 CFU 的平板记录具体菌落数，大于300 CFU 的可记录为多不可计。每个稀释度的菌落数应采用两个平板的平均数。

(2) 其中一个平板有较大片状菌落生长时，则不宜采用，而应以无片状菌落生长的平板作为该稀释度的菌落数；若片状菌落不到平板的一半，而其余一半中菌落分布又很均匀，即可计算半个平板后乘以2，代表一个平板菌落数。

(3) 当平板上出现菌落间无明显界线的链状生长时，则将每条单链作为一个菌落计数。

4．菌落总数的计算方法

(1) 若只有一个稀释度平板上的菌落数在适宜计数范围内，计算两个平板菌落数的平均值，再将平均值乘以相应稀释倍数，作为每 g(mL)样品中菌落总数的结果。

(2) 若有两个连续稀释度的平板菌落数在适宜计数范围内时，按下列公式计算：

$$N = \frac{\sum C}{(n_1 + 0.1n_2)d}$$

式中，N——样品中的菌落数；

$\sum C$——适宜计数范围内的平板菌落数之和；

n_1——第一稀释度(低稀释倍数)平板个数；

n_2——第二稀释度(高稀释倍数)平板个数；

d——稀释因子(第一稀释度)。

(3) 若所有稀释度的平板上菌落数均大于300 CFU，则对稀释度最高的平板进行计数，其他平板可记录为多不可计，结果按平均菌落数乘以最高稀释倍数计算。

(4) 若所有稀释度的平板菌落数均小于30 CFU，则应按稀释度最低的平均菌落数乘以稀释倍数计算。

(5) 若所有稀释度(包括液体样品原液)平板均无菌落生长，则以小于1乘以最低稀释倍数计算。

(6) 若所有稀释度的平板菌落数均不在30~300 CFU 之间，其中一部分小于30 CFU 或大于300 CFU 时，则以最接近30 CFU 或300 CFU 的平均菌落数乘以稀释倍数计算。

5．菌落总数的报告

(1) 当菌落数小于100 CFU 时，按"四舍五入"原则修约，以整数报告。

（2）当菌落数大于或等于 100 CFU 时，第 3 位数字采用"四舍五入"原则修约后，取前 2 位数字，后面用 0 代替位数；也可用 10 的指数形式来表示，按"四舍五入"原则修约后，采用两位有效数字。

（3）若所有平板上为蔓延菌落而无法计数，则报告菌落蔓延。

（4）若空白对照上有菌落生长，则此次检测结果无效。

（5）称重取样以 CFU/g 为单位报告，体积取样以 CFU/mL 为单位报告。

【思考题】

（1）简述对检样进行菌落总数测定的基本程序和注意事项。

（2）食品中检测到的菌落总数是不是食品中所有的细菌？为什么？

（3）在进行菌落总数测定时，为什么需要中温（36 ℃ ±1 ℃）、倒置培养？

【附　录】

1．平板计数琼脂（plate count agar，PCA）培养基的配制

（1）成分：胰蛋白胨 5.0 g、酵母浸膏 2.5 g、葡萄糖 1.0 g、琼脂 15.0 g、蒸馏水 1 000 mL。

（2）制法：将上述成分加于蒸馏水中，煮沸溶解，调节 pH 至 7.0±0.2，分装于三角瓶或试管中，121 ℃ 高压蒸汽灭菌 15 min。

注意：商品平板计数琼脂可按说明书进行制备。

2．磷酸盐缓冲液的配制

（1）成分：磷酸二氢钾（KH_2PO_4）34.0 g、蒸馏水 500 mL。

（2）制法：贮存液，称取 34.0 g 的磷酸二氢钾溶于 500 mL 蒸馏水中，用大约 175 mL 的 1 mol/L 氢氧化钠溶液调节 pH 至 7.2±0.2，用蒸馏水稀释至 1 000 mL 后贮存于冰箱中。稀释液：取贮存液 1.25 mL，用蒸馏水稀释至 1 000 mL，分装于适宜容器中，121 ℃ 高压灭菌 15 min。

3．无菌生理盐水的配制

（1）成分：氯化钠 8.5 g、蒸馏水 1 000 mL。

（2）制法：称取 8.5 g 氯化钠溶于 1 000 mL 蒸馏水中，121 ℃ 高压灭菌 15 min。

任务二　食品中大肠菌群计数（GB 4789.3—2010）

大肠菌群（colifoms）并非细菌学分类命名，而是卫生细菌领域的用语，它不代表某一种或某一属细菌，主要由肠杆菌科的四个属即大肠埃希菌属、柠檬酸杆菌属、克雷伯氏菌属和肠杆菌属中的一些细菌构成，这些细菌的生化及血清学实验并非完全一致。但在一定培养条件下能发酵乳糖、产酸产气的需氧和兼性厌氧的革兰氏阴性无芽孢杆菌则是大肠菌群的共同特点,国家标准也把此作为大肠菌群的概念。

研究表明,大肠菌群多存在于温血动物粪便、人类经常活动的场所以及有粪便污染的地方,人、畜粪便对外界环境的污染是大肠菌群在自然界广泛存在的主要原因。大肠菌群作为粪便污染指标菌,主要是以该菌群的检出情况来表示食品是否被粪便(直接或间接)污染。大肠菌群数的高低,表明了粪便污染的程度,也反映了对人体健康危害性的大小。粪便是人类肠道排泄物,其中有健康人的粪便,也有肠道患者或带菌者的粪便,所以粪便内除一般正常细菌外,同时也会有一些肠道致病菌存在(如沙门氏菌、志贺氏菌等),因而食品中有粪便污染则可以推测该食品中存在着肠道致病菌污染的可能性,潜伏着食品中毒和流行病的威胁,必须看作对人体健康具有潜在的危险性。

国家标准中食品大肠菌群的检测有两种方法:MPN 计数法(第一法)和平板计数法(第二法)。第一法适用于大肠菌群含量较低的食品中大肠菌群的计数;第二法适用于大肠菌群含量较高的食品中大肠菌群的计数。

MPN(最可能数,most probable number)计数法是基于泊松分布的一种间接计数方法。样品经过处理与稀释后用月桂基硫酸盐胰蛋白胨(LST)进行初发酵,是为了证实样品或其稀释液中是否存在符合大肠菌群的定义,即"在 37 ℃下分解乳糖产酸产气",而在培养基中加入的月桂基硫酸盐能抑制革兰氏阳性细菌(但有些芽孢菌、肠球菌能生长),有利于大肠菌群的生长和挑选。初发酵后观察 LST 肉汤管是否产气。初发酵产气管,不能肯定就是大肠菌群,经过复发酵实验后,有可能成为阴性。有数据表明,食品中大肠菌群检验步骤的符合率,初发酵与证实实验相差较大。因此,在实际检测工作中,证实实验是必需的。而复发酵时培养基中的煌绿和胆盐能抑制产芽孢细菌。此法食品中大肠菌群数系以每 1 g(mL)检样中大肠菌群最可能数(MPN)表示,再乘以 100,即可得到 100 g(mL)检样中大肠菌群的最可能数。从规定的反应呈阳性管数的出现率,用概率论来推算样品中菌数最近似的数值。MPN 检索表只给了三个稀释度,如改用不同的稀释度,则表内数字应相应降低或增加 10 倍。该法适用于目前食品卫生标准中大肠菌群限量用MPN/100 g(mL)表示的情况。

平板计数法:根据检样的污染程度,做不同倍数稀释,选择其中的 2~3 个适宜的稀释度,与结晶紫中性红胆盐琼脂(VRBA)培养基混合,待琼脂凝固后,再加入少量 VRBA 培养基覆盖平板表层(以防止细菌蔓延生长),在一定培养条件下,计数平板上出现的大肠菌群典型和可疑菌落,再对其中 10 个可疑菌落用 BGLB 肉汤管进行证实实验后报告。称重取样以 CFU/g 为单位报告,体积取样以 CFU/mL为单位报告。在 VRBA 培养基中,蛋白胨和酵母膏提供碳、氮源和微量元素;乳糖是可发酵的糖类;氯化钠可维持均衡的渗透压;胆盐或 3 号胆盐和结晶紫能抑制革兰氏阳性菌,特别是抑制革兰氏阳性杆菌和粪链球菌,通过抑制杂菌生长,而有利于大肠菌群的生长;中性红为 pH 指示剂,培养后如平板上出现能发酵乳糖产生的紫红色菌落时,说明样品稀释液中存在符合大肠菌群定义的菌,即"在 37 ℃下分解乳糖产酸产气",因为还有少数其他菌也有这样的特性,所以这样的菌落只能称为可疑,还需要用 BGLB 肉汤管实验进一步证实。该法适用于目前食品安全标准中大肠菌群限量用 CFU/100 g(mL)表示的情况,主要是乳制品。

【实验目的】

(1) 了解大肠菌群在食品安全检验中的意义。
(2) 学习并掌握食品中大肠菌群的测定方法。

【实验材料】

(1) 恒温培养箱:36 ℃±1 ℃;冰箱:2~5 ℃;恒温水浴箱:46 ℃±1 ℃;天平:感量 0.1 g;均质器;振荡器;无菌吸管:1 mL(具有 0.01 mL 刻度)、10 mL(具有 0.1 mL 刻度)或微量移液器及吸头;无菌锥形瓶:容量 500 mL;无菌培养皿:直径 90 mm;pH 计或 pH 比色管或精密 pH 试纸;菌落计数器等。

(2) 微生物实验室常规灭菌及培养设备。

(3) 培养基和试剂:月桂基硫酸盐胰蛋白胨(laurylsulfatetryptose,LST)肉汤;煌绿乳糖胆盐(brilliantgreenlactosebile,BGLB)肉汤;结晶紫中性红胆盐琼脂(violetredbileagar,VRB A);无菌磷酸盐缓冲液;无菌生理盐水;1mol/L NaOH 溶液;1mol/L HCl 溶液。

(4) 样品:酱牛肉、饼干、茶饮料、豆腐等。

【实验内容】

一、大肠菌群 MPN 计数法

(一) 检验程序

大肠菌群 MPN 计数的检验程序见图 19.2。

(二) 操作步骤

1. 样品的稀释

(1) 固体和半固体样品:称取 25 g 样品,放入盛有 225 mL 磷酸盐缓冲液或生理盐水的无菌均质杯内 8 000~10 000 r/min 均质 1~2 min,或放入盛有 225 mL 磷酸盐缓冲液或生理盐水的无菌均质袋中,用拍击式均质器拍打 1~2 min,制成

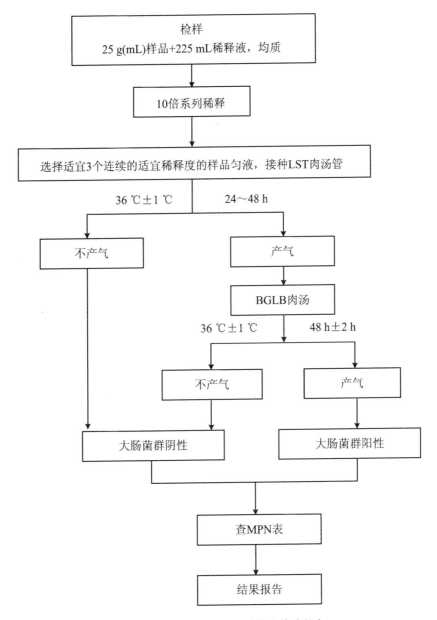

图 19.2　大肠菌群 MPN 计数法检验程序

1∶10的样品匀液。

（2）液体样品：以无菌吸管吸取 25 mL 样品置盛有 225 mL 磷酸盐缓冲液或生理盐水的无菌锥形瓶（瓶内预置适当数量的无菌玻璃珠）或其他无菌容器中充分振摇或置于机械振荡器中振摇，充分混匀，制成 1∶10 的样品匀液。

（3）样品匀液的 pH 应在 6.5～7.5 之间，必要时分别用 1 mol/L NaOH 或 1 mol/L HCl 调节。

（4）用 1 mL 无菌吸管或微量移液器吸取 1∶10 样品匀液 1 mL，沿管壁缓缓注入 9 mL 磷酸盐缓冲液或生理盐水的无菌试管中（注意：吸管或吸头尖端不要触及稀释液面），振摇试管或换用 1 支 1 mL 无菌吸管反复吹打，使其混合均匀，制成 1∶100 的样品匀液。

（5）根据对样品污染状况的估计，按上述操作，依次制成 10 倍递增系列稀释样品匀液。每递增稀释 1 次，换用 1 支 1 mL 无菌吸管或吸头。从制备样品匀液至样品接种完毕，全过程不得超过 15 min。

2. 初发酵实验

每个样品选择 3 个适宜的连续稀释度的样品匀液（液体样品可以选择原液），每个稀释度接种 3 管月桂基硫酸盐胰蛋白胨（LST）肉汤，每管接种 1 mL（如接种量超过 1 mL，则用双料 LST 肉汤），36 ℃±1 ℃ 培养 24 h±2 h，观察倒管内是否有气泡产生，24 h±2 h 产气者进行复发酵实验（证实实验），如未产气则继续培养至 48 h±2 h，产气者进行复发酵实验。未产气者为大肠菌群阴性。

3. 复发酵实验（证实实验）

用接种环从产气的 LST 肉汤管中分别取培养物 1 环，移种于煌绿乳糖胆盐肉汤（BGLB）管中，36 ℃±1 ℃ 培养 48 h±2 h，观察产气情况。产气者，计为大肠菌群阳性管。

4. 大肠菌群最可能数（MPN）的报告

按复发酵实验确证的大肠菌群 BGLB 阳性管数，检索 MPN 表（见附录 B），报告每 g（mL）样品中大肠菌群的 MPN 值。

二、大肠菌群平板计数法

（一）检验程序

大肠菌群平板计数法的检验程序见图 19.3。

（二）操作步骤

1. 样品的稀释

样品稀释的步骤按第一法进行。

2. 平板计数

（1）选取 2～3 个适宜的连续稀释度，每个稀释度接种 2 个无菌平皿，每皿 1 mL。同时取 1 mL 生理盐水加入无菌平皿作空白对照。

（2）及时将 15～20 mL 熔化并恒温至 46 ℃ 的结晶紫中性红胆盐琼脂（VRBA）倾注于每个平皿中。小心旋转平皿，将培养基与样液充分混匀，待琼脂凝固后，再加 3～4 mL VRBA 覆盖平板表层。翻转平板，置于 36 ℃±1 ℃ 培养 18～24 h。

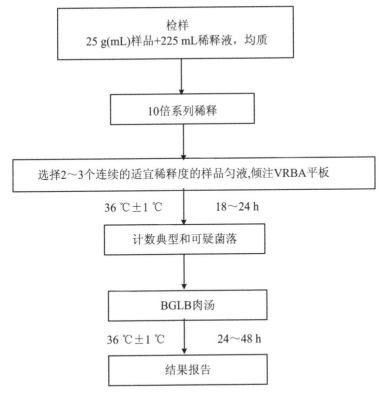

图 19.3　大肠菌群平板计数法检验程序

3. 平板菌落数的选择

选取菌落数在 15～150 CFU 之间的平板,分别计数平板上出现的典型和可疑大肠菌群菌落(如菌落直径较典型菌落小)。典型菌落为紫红色,菌落周围有红色的胆盐沉淀环,菌落直径为 0.5 mm 或更大,最低稀释度平板低于 15 CFU 的记录具体菌落数。

4. 证实实验

从 VRBA 平板上挑取 10 个不同类型的典型和可疑菌落,少于 10 个菌落的挑取全部典型和可疑菌落。分别移种于 BGLB 肉汤管内,36 ℃±1 ℃培养 24～48 h,观察产气情况。凡 BGLB 肉汤管产气,即可报告为大肠菌群阳性。

5. 大肠菌群平板计数的报告

经最后证实为大肠菌群阳性的试管比例乘以"平板菌落数的选择"中计数的平板菌落数,再乘以稀释倍数,即为每 g(mL)样品中大肠菌的群数。例:10^{-4} 样品稀释液 1 mL,在 VRBA 平板上有 100 个典型和可疑菌落,挑取其中 10 个接种 BGLB 肉汤管,证实有 6 个阳性管,则该样品的大肠菌群数为:$100×6/10×10^4$/g(mL)= $6.0×10^5$ CFU/g(mL)。若所有稀释度(包括液体样品原液)平板均无菌落生长,则以小于 1 乘以最低稀释倍数计算。

【思考题】

(1) 说明食品中大肠菌群测定的安全学意义。

(2) 为什么食品中大肠菌群的检验要经过复发酵实验才能证实?

【附录】

一、附录 A

1. 月桂基硫酸盐胰蛋白胨(LST)肉汤的配制

(1) 成分:胰蛋白胨或胰酪胨 20.0 g、氯化钠 5.0 g、乳糖 5.0 g、磷酸氢二钾(K_2HPO_4) 2.75 g、月桂基硫酸钠 0.1 g、蒸馏水 1 000 mL。

(2) 制法:将上述成分溶解于蒸馏水中,调节 pH 至 6.8±0.2。分装到倒置的玻璃小试管中,每管 10 mL。121 ℃高压灭菌 15 min。

2. 煌绿乳糖胆盐(BGLB)肉汤的配制

(1) 成分:蛋白胨 10.0 g、乳糖 10.0 g、牛胆粉溶液 200 mL、0.1%煌绿水溶液 13.3 mL、蒸馏水 800 mL。

(2) 制法:将蛋白胨、乳糖溶于约 500 mL 蒸馏水中,加入牛胆粉溶液 200 mL (将 20.0 g 脱水牛胆粉溶于 200 mL 蒸馏水中,调节 pH 至 7.0~7.5),用蒸馏水稀释到 975 mL,调节 pH 至 7.2±0.1,再加入 0.1%煌绿水溶液 13.3 mL,用蒸馏水补足到 1 000 mL,用棉花过滤后,分装到倒置的玻璃小试管中,每管 10 mL。121 ℃高压灭菌 15 min。

3. 结晶紫中性红胆盐琼脂(VRBA)的配制

(1) 成分:蛋白胨 7.0 g、酵母膏 3.0 g、乳糖 10.0 g、氯化钠 5.0 g、胆盐或 3 号胆盐 1.5 g、中性红 0.03 g、结晶紫 0.002 g、琼脂 15~18 g、蒸馏水 1 000 mL。

(2) 制法:将上述成分溶于蒸馏水中,静置几分钟,充分搅拌,调节 pH 至 7.4±0.1。煮沸 2 min,将培养基熔化并恒温至 45~50 ℃倾注平板。使用前临时制备,不得超过 3 h。

4. 1 mol/L NaOH 溶液的配制

(1) 成分:NaOH 40.0 g、蒸馏水 1 000 mL。

(2) 制法:称取 40 g 氢氧化钠溶于 1 000 mL 无菌蒸馏水中。

5. 1 mol/L HCl 溶液的配制

(1) 成分:HCl 90 mL、蒸馏水 1 000 mL。

(2) 制法:移取浓盐酸 90 mL,用无菌蒸馏水稀释至 1 000 mL。

二、附录 B

大肠菌群最可能数(MPN)检索表(单位:MPN/g(mL))见表 19.1。

表 19.1　大肠菌群最可能数检索表

阳性管数			MPN	95%可信限		阳性管数			MPN	95%可信限	
0.1	0.01	0.001		上限	下限	0.1	0.01	0.001		上限	下限
0	0	0	<3.0	—	9.5	2	2	0	21	4.5	42
0	0	1	3.0	0.15	9.6	2	2	1	28	8.7	94
0	1	0	3.0	0.15	11	2	2	2	35	8.7	94
0	1	1	6.1	1.2	18	2	3	0	29	8.7	94
0	2	0	6.2	1.2	18	2	3	1	36	8.7	94
0	3	0	9.4	3.6	38	3	0	0	23	4.6	94
1	0	0	3.6	0.17	18	3	0	1	38	8.7	110
1	0	1	7.2	1.3	18	3	0	2	64	17	180
1	0	2	11	3.6	38	3	1	0	43	9	180
1	1	0	7.4	1.3	20	3	1	1	75	17	200
1	1	1	11	3.6	38	3	1	2	120	37	420
1	2	0	11	3.6	42	3	1	3	160	40	420
1	2	1	15	4.5	42	3	2	0	93	18	420
1	3	0	16	4.5	42	3	2	1	150	37	420
2	0	0	9.2	1.4	38	3	2	2	210	40	430
2	0	1	14	3.6	42	3	2	3	290	90	1 000
2	0	2	20	4.5	42	3	3	0	240	42	1 000
2	1	0	15	3.7	42	3	3	1	460	90	2 000
2	1	1	20	4.5	42	3	3	2	1 100	180	4 100
2	1	2	27	8.7	94	3	3	3	>1 100	420	—

注:① 本表采用 3 个稀释度(0.1 g(mL)、0.01 g(mL)和 0.001 g(mL)),每个稀释度接种3管。

② 表内所列检样量如改用 1 g(mL)、0.1 g(mL)和 0.01 g(mL)时,表内数字应相应降低为原来的 1/10;如改用 0.01 g(mL)和 0.001 g(mL)0.000 1 g(mL)时,则表内数字应相应提高 10 倍,其余类推。

(周平)

实验二十　食品中霉菌菌落计数

　　霉菌广泛分布于外界环境中,它们在食品上可以作为正常菌相的一部分,或者作为空气传播性污染物,在消毒不恰当的设备上也可被发现。各类食品和粮食由于遭受霉菌的侵染,常常发生霉变,有些霉菌的有毒代谢产物引起各种急性和慢性中毒,特别是有些霉菌毒素具有强烈的致癌性。实践证明,一次大量食入或长期少量食入这些变质的食品,能诱发癌症。目前,已知的产毒霉菌如青霉、曲霉和镰刀霉在自然界分布较广,对食品的侵染机会也较多。因此,对食品加强霉菌的检验,在食品卫生学上具有重要的意义。

　　霉菌的菌数测定是指食品检测样品经过处理,在一定条件下培养后,所得1 g或1 mL检验中所含的霉菌菌落数(粮食样品是指1 g粮食表面的霉菌总数)。霉菌数主要作为判断食品被霉菌污染程度的标志,以便对食品的卫生状况进行评价。

【实验目的】

　　学习并掌握食品中霉菌的检测和计数方法;了解霉菌在食品卫生学检验中的意义。

【实验材料】

　　番茄酱、马铃薯-葡萄糖-琼脂培养基、无菌蒸馏水、显微镜、锥形瓶、吸管等。

【实验内容】

1. 检验步骤

　　霉菌计数的检验程序见图20.1。

2. 样品的稀释

　　(1) 固体和半固体样品:称取25 g样品至盛有225 mL灭菌蒸馏水的锥形瓶中,充分振摇,即为1:10的稀释液。或放入盛有225 mL无菌蒸馏水的均质袋中,用拍击式均质器拍打2 min,制成1:10的样品匀液。

　　(2) 液体样品:以无菌吸管吸取25 mL样品至盛有225 mL无菌蒸馏水的锥形瓶(可在瓶内预置适当数量的无菌玻璃珠)中,充分混匀,制成1:10的样品匀液。

　　(3) 取1 mL 1:10的稀释液注入含有9 mL无菌水的试管中,另换一支1 mL无菌吸管反复吹吸,此液为1:100的稀释液。

（4）按（3）中操作程序，制备10倍系列稀释样品匀液。每递增稀释一次，换用1支1 mL无菌吸管。

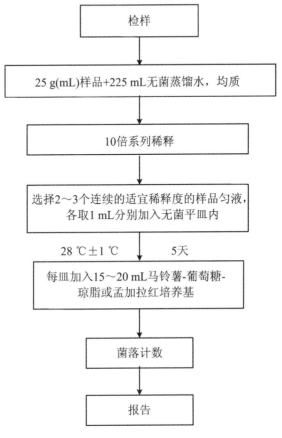

图 20.1　霉菌计数的检验程序

（5）根据对样品污染状况的估计，选择2～3个适宜稀释度的样品匀液（液体样品可包括原液），在进行10倍递增稀释的同时，每个稀释度分别吸取1 mL样品匀液于2个无菌平皿内。同时分别取1 mL样品稀释液加入2个无菌平皿作空白对照。

（6）及时将15～20 mL冷却至46 ℃的马铃薯-葡萄糖-琼脂或孟加拉红培养基（可放置于46 ℃±1 ℃恒温水浴箱中保温）倾注平皿，并转动平皿使其混合均匀。

3. 培养

待琼脂凝固后，将平板倒置，28 ℃±1 ℃培养5天，观察并记录。

4. 肉眼观察

必要时可用放大镜，记录稀释倍数和相应的霉菌数，选取菌落数在10～150 CFU的平板，根据菌落形态分别计数。霉菌蔓延生长覆盖整个平板的可记录为不可计数。菌落数应采用两个平板的平均数。

5. 结果计算与报告

（1）结果计算

计算两个平板菌落数的平均值，再将平均值乘以相应稀释倍数来计算。

① 若所有平板上菌落数均大于 150 CFU，则对稀释度最高的平板进行计数，其他平板可记录为多不可计，结果按平均菌落数乘以最高稀释倍数来计算。

② 若所有平板上菌落数均小于 10 CFU，则应按稀释度最低的平均菌落数乘以稀释倍数来计算。

③ 若所有稀释度平板均无菌落生长，则以小于 1 乘以最低稀释倍数计算；如为原液，则以小于 1 计数。

（2）报告

① 菌落数在 100 CFU 以内时，按"四舍五入"原则修约，采用 2 位有效数字报告。

② 菌落数大于或等于 100 CFU 时，前 3 位数字采用"四舍五入"原则修约后，取前 2 位数字，后面用 0 代替位数来表示结果；也可用 10 的指数形式来表示，此时也按"四舍五入"原则修约，采用 2 位有效数字。

③ 称重取样以 CFU/g 为单位报告，体积取样以 CFU/mL 为单位报告。

（高淑娴）

实验二十一　食品中常见球菌——金黄色葡萄球菌检测

　　病原微生物是严重危害人体健康的一种指标菌。病原微生物检验是衡量食品卫生质量的重要指标之一,也是测定被检食品能否食用的科学依据之一。通过病原微生物的检验,可以判断食品加工及卫生环境,能够对食品被细菌污染的程度做出正确评价,有效防止或减少食物中毒及人畜共患病的发生,保障人们身体健康。食品中常见的致病菌有金黄色葡萄球菌、沙门氏菌、致病性大肠埃希菌及志贺氏菌等。本次实验主要介绍金黄色葡萄球菌的检测。

【实验目的】

(1) 掌握食品中金黄色葡萄球菌的检验程序和方法。
(2) 掌握金黄色葡萄球菌的形态、菌落特点。
(3) 掌握金黄色葡萄球菌的主要鉴定实验。

【实验材料】

(1) 培养基:7.5% NaCl 肉汤、Baird-Parker 琼脂平板、血琼脂平板培养基、甘露醇发酵管。
(2) 试剂:3% H_2O_2、兔(或人)血浆、生理盐水、革兰氏染色液。
(3) 其他:载玻片、小试管等。

【实验内容】

一、检验程序

食品中葡萄球菌的检验程序见图 21.1。

二、检验步骤

(一) 样品的采集

(1) 保证所采集的样品对该类食品具有代表性。

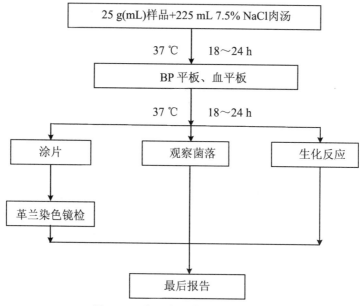

图 21.1　食品中葡萄球菌检验程序

（2）在样品采集、运输、贮存等过程中,应采取必要的措施防止交叉污染、环境污染和食品中固有微生物的数量和生长能力发生变化。

（3）样品应在接近原有贮藏温度的条件下传送,需要冷冻、冷藏保存的样品,应使用能达到规定温度的保温箱进行传送。样品送到实验室应越快越好。

（4）避免抽样、传送过程中的交叉污染和环境污染。每份样品均应独立包装,包装用容器应清洁、防漏。

（二）检样处理

取样品 25 g(液体 25 mL)加入含 225 mL 灭菌生理盐水的无菌容器内,振荡均匀,制成 1∶10 的检样混悬液。

（三）增菌培养

用无菌吸管吸取混悬液 5 mL,接种于 50 mL 7.5% NaCl 肉汤,置 37 ℃温箱中培养 18～24 h 。

（四）分离培养

1. 方法

取增菌培养物采用分区划线的方法分别接种至 Baird-Parker 琼脂平板和血琼脂平板,置 37 ℃温箱中培养 18～24 h 后观察菌落特征,重点观察菌落的颜色及溶血性。

2. 结果

金黄色葡萄球菌的单个菌落在 Baird-Parker 琼脂平板上呈圆形、表面光滑、凸起、湿润、直径为2～3 mm。颜色呈灰黑色至黑色,常有浅色的边缘,周围绕以浑浊圈,其外常有一透明圈。当用接种针触及菌落时具有黄油样黏稠感。在血琼脂平板上,金黄色葡萄球菌形成中等大小、圆形凸起、湿润、表面光滑、边缘整齐、不透明的"油漆状"菌落,常产生金黄色的脂溶性色素,菌落周围出现完全透明的溶血环(β溶血)。

(五) 形态观察

1. 方法

从普通琼脂平板上挑取可疑菌落,革兰染色后置于油镜下观察。

2. 结果

金黄色葡萄球菌的镜下形态为革兰氏阳性、圆形、葡萄串状排列。

(六) 生化反应

1. 触酶实验

(1) 原理及方法:见实验十三。

(2) 结果:在0.5 min内产生大量气泡者,为触酶实验阳性,反之阴性。本实验葡萄球菌属阳性,常用于葡萄球菌属鉴定。

2. 血浆凝固酶实验

(1) 原理及方法:见实验十三。

(2) 结果

① 玻片法:细菌在血浆中凝集成细颗粒状,无法混匀为血浆凝固酶实验阳性,细菌在血浆中呈均匀浑浊则为阴性。

② 试管法:试管中血浆凝固呈胶冻状,为血浆凝固酶实验阳性,反之阴性。本实验常用于金黄色葡萄球菌与其他葡萄球菌的鉴定,前者为阳性,后者阴性。

3. 甘露醇发酵实验

(1) 原理:金黄色葡萄球菌多能发酵甘露醇产酸,使培养基中的指示剂溴甲酚紫由紫色变为黄色。本实验可用于金黄色葡萄球菌/非金黄色葡萄球菌的区别。

(2) 方法:将金黄色葡萄球菌接种于甘露醇发酵管,在37 ℃培养箱中孵育18～24 h后观察结果。

(3) 结果:培养基由紫色变为黄色且呈混浊者为实验阳性。

(七) 结果报告

在25 g(mL)样品中检出(未检出)金黄色葡萄球菌。

(马丽娜)

实验二十二　食品中常见肠道杆菌检测

　　食品中常见的肠道致病杆菌主要有沙门氏菌、致病性大肠埃希菌、副溶血性弧菌及志贺菌等,本实验主要介绍沙门氏菌和志贺氏菌的检验。

任务一　沙门氏菌检验

【实验目的】

　　(1) 掌握食品中沙门氏菌的检验程序和方法。
　　(2) 掌握沙门氏菌的主要鉴定实验。

【实验材料】

　　(1) 培养基:缓冲蛋白胨水(BPW)、四硫磺酸钠煌绿(TTB)增菌液、亚硒酸盐胱氨酸(SC)增菌液、亚硫酸铋(BS)琼脂、HE 琼脂、木糖赖氨酸脱氧胆盐(XLD)琼脂、SS 琼脂、克氏双糖铁(KIA)培养基、尿素琼脂、氰化钾培养基等。
　　(2) 试剂:吲哚试剂、沙门氏菌 A～F 菌体(O)多价和 O 及 H 因子血清等。
　　(3) 其他:载玻片、小试管等。

【实验内容】

一、检验程序

　　食品中沙门氏菌的检验程序见图 22.1。

二、检验步骤

(一) 前增菌

　　(1) 目的:将食品样品在非选择性培养基中增菌,使受损伤的沙门氏菌恢复到

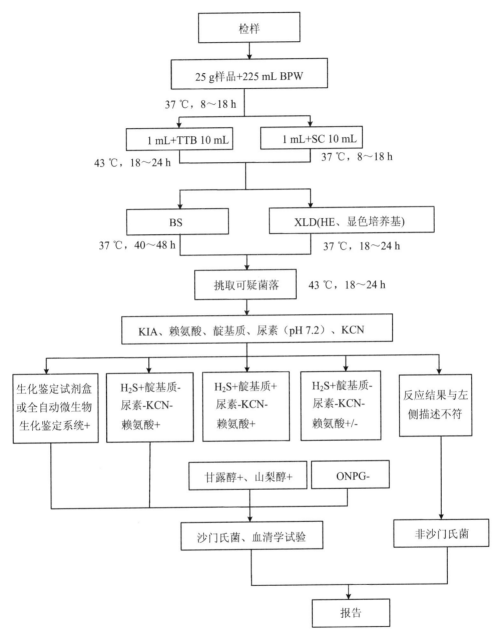

图 22.1　食品中沙门氏菌检验程序

稳定的生理状态。加工食品均应经过前增菌。

（2）方法：取 25 g(mL)样品放入盛有 225 mL 缓冲蛋白胨水（BPW）的无菌均质杯中，以 8 000～10 000 r/min 均质 1～2 min。液体样品直接振荡混匀。

（二）（选择性）增菌

（1）目的：此培养基允许沙门氏菌持续增菌，同时阻止大多数其他细菌的增殖。未经加工的食品不必经过前增菌而直接增菌。

（2）方法：取 1 mL 前增菌培养物接种于 10 mL 亚硒酸盐胱氨酸（SC）增菌液，在 37 ℃下培养 18～24 h。同时另取 1 mL 接种于 10 mL 四硫磺酸钠煌绿（TTB）增菌液，在 42 ℃下培养 18～24 h。

（3）注意：SC 适合伤寒沙门氏菌和甲型副伤寒沙门氏菌增菌，而 TTB 适合其他沙门氏菌增菌，故增菌时必须同时使用 SC 和 TTB，以提高检出率，以防漏检。

（三）选择性平板分离

（1）目的：接种选择培养基，抑制非沙门氏菌的生长，提供肉眼可见的疑似沙门氏菌纯菌落的识别。

（2）方法：取增菌培养液一接种环，划线接种于亚硫酸铋（BS）琼脂，在 37 ℃下培养 40～48 h。木糖赖氨酸脱氧胆盐（XLD）琼脂/HE 琼脂/SS 琼脂，在 37 ℃下培养 18～24 h。观察各平板上的菌落特点。

（3）结果

① BS 琼脂：产硫化氢的典型菌落为黑色有金属光泽、棕褐色或灰色，菌落周围的培养基通常开始呈褐色，但随培养时间延长而变为黑色；不产硫化氢的非典型菌落，形成灰绿色菌落，周围培养基不变色。

② XLD 琼脂：典型菌落为粉色，带或不带黑色中心，有些沙门氏菌培养物可呈现大的具有光泽的黑色中心，或全部黑色的菌落；非典型菌落为黄色，带或不带黑色中心。

③ HE 琼脂：典型菌落为蓝绿色至蓝色，多数菌株产硫化氢，菌落带或不带黑色中心或几乎全黑色。非典型菌落为黄色、中心黑色或全黑色。

④ SS 琼脂：沙门氏菌在 SS 琼脂平板上由于不分解乳糖则形成无色透明、中等大小的菌落，产生 H_2S 者菌落中心呈黑色。

在选择性平板分离时要注意：分离沙门氏菌要同时使用两种以上的培养基以提高检出率，以防漏检。BS 琼脂选择性强，更适合分离伤寒沙门氏菌，故培养基中 BS 为必备。

（四）生化反应

1. 克氏双糖铁（KIA）实验

（1）原理及方法：见实验十四。

（2）结果：大多数沙门氏菌斜面产碱（K），为红色；底部产酸（A），为黄色，并可产生硫化氢，使培养基变黑。

2. 赖氨酸脱羧酶实验

(1)原理:本培养基中含有赖氨酸和葡萄糖,酸碱指示剂为溴甲酚紫(中性和碱性时为紫色,酸性为黄色),未用时为紫色;如果待测细菌将赖氨酸脱羧,则产生胺,为碱性,溴甲酚紫保持紫色;如果不脱羧,肠杆菌科的细菌都能分解葡萄糖,产酸,溴甲酚紫变为黄色。氨基酸脱羧的对照管其实就是一个葡萄糖发酵管,不含氨基酸。由于实验结果阳性的为保持紫色不变,阴性结果为黄色,为保证结果的可靠性,须同时接种对照管,如对照管变为黄色,说明细菌接种成功。氨基酸脱羧酶阳性者培养初期因发酵葡萄糖产酸而变黄,继续培养后由于赖氨酸脱羧产胺,为碱性,培养基又变为紫色。阴性者因发酵葡萄糖产酸而使培养基始终为黄色。对照管应为黄色。

(2)方法:用接种针挑取可疑菌落,分别接种1支至赖氨酸脱羧酶实验管和1支对照管,35℃孵育1~4天。

(3)结果:沙门氏菌为阳性。

3. 动力吲哚尿素琼脂培养(MIU)

(1)原理及方法:见实验十四。

(2)结果:沙门氏菌动力阳性,吲哚和尿素实验均为阴性。

4. 氰化钾培养基

(1)原理:氰化钾是细菌呼吸酶系统的抑制剂,可与呼吸酶作用使酶失去活性,抑制细菌的生长,但有的细菌在一定浓度的氰化钾存在时仍能生长,以此鉴别细菌。如有细菌生长即为阳性,经2天细菌不生长为阴性。

(2)方法:将琼脂培养物接种于蛋白胨水内成为稀释菌液,挑取1环接种于氰化钾培养基。并另挑取1环接种于对照培养基。在37℃培养1~2天,观察结果。

(3)结果:沙门氏菌为阴性。

(五)血清学分型鉴定

对生化反应及形态学检查疑为沙门氏菌属,选用沙门氏菌诊断血清进行玻片凝集实验以确定菌型,见表22.1。

首先选用A~F群多价"O"诊断血清做玻片凝集实验。在实验时应以生理盐水作对照。5~10 min内不出现凝集者可确定为阴性。若凝集,可无菌生理盐水制成浓的菌悬液,加热100℃、15~30 min,再与A~F群多价"O"诊断血清做凝集实验。若与A~F群多价"O"血清发生凝集,应再与沙门氏菌单价因子血清分别做玻片凝集实验,以确定该菌株属于哪一组。若已确定哪一沙门菌种后,再用H因子血清检查第Ⅰ相和第Ⅱ相H抗原,最后确定属于哪一型沙门氏菌。

表 22.1 沙门氏菌属常见组别血清型别

组别	单价 O	H 因子
伤寒(D 群)	9(Vi)	d:−
副乙(B 群)	4	b:1,2
鼠伤寒(B 群)	4	i:1,2
副甲(A 群)	2	a:−

（六）结果与报告

综合以上生化实验和血清学分型鉴定的结果,报告 25 g(mL)样品中检出或未检出沙门氏菌。

任务二　志贺菌检验

【实验目的】

(1) 掌握食品中志贺菌的检验程序和方法。
(2) 掌握志贺菌的主要鉴定实验。

【实验材料】

(1) 培养基:GN 增菌液、SS 琼脂、麦康凯(MAC)平板、KIA 培养基、半固体培养基等。
(2) 试剂:志贺菌多价血清。
(3) 其他:载玻片、小试管等。

【实验内容】

一、检验程序

志贺菌的检验程序见图 22.2。

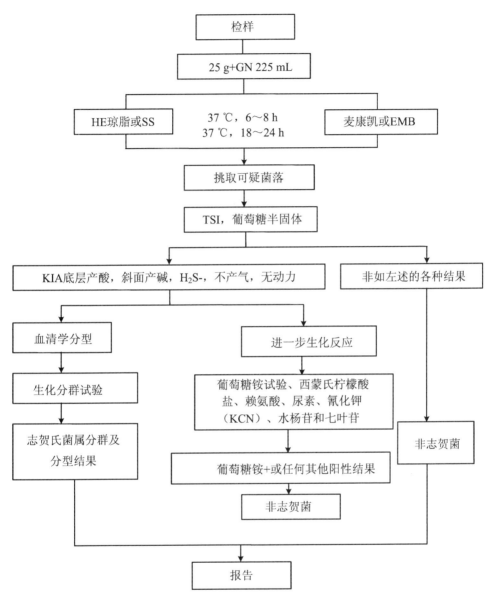

图 22.2　食品中志贺氏菌检验程序

二、检验步骤

（一）增菌培养

称取检样 25 g，加入装有 225 mL GN 增菌液的广口瓶内，于 36 ℃培养 6～8 h。

培养时间视细菌生长情况而定,当培养液出现轻微混浊时即应中止培养。

(二)分离培养

1. 方法

取增菌培养液一接种环,划线接种于 SS 琼脂和 MAC 平板,在 37 ℃下培养 18～24 h。

2. 结果

(1) MAC 平板:胆盐能抑制 G⁺ 菌及部分非病原菌的生长,有利于志贺菌的生长。中性红为指示剂遇酸变红,遇碱为黄色。因含乳糖及中性红指示剂,故分解乳糖的细菌菌落(如大肠杆菌)呈红色,而不分解乳糖的细菌菌落呈无色/淡黄色。大肠杆菌在 MAC 上形成红色、中等大小的菌落。沙门氏菌在 MAC 上形成无色透明、中等大小、光滑型的菌落。

(2) SS 琼脂:是分离志贺菌属细菌的强选择性培养基,其中的胆盐能抑制 G⁺ 菌,煌绿和枸橼酸钠能抑制大肠杆菌生长,大肠杆菌在 SS 琼脂平板上因分解乳糖,形成红色的、圆形、凸起、边缘整齐的菌落,多为光滑型菌落。志贺菌在 SS 琼脂平板上由于不分解乳糖则形成无色透明、中等大小的菌落。

(三)生化反应

1. KIA 实验

大多数志贺菌斜面产碱(K),为红色;底部产酸(A),为黄色,不产生硫化氢,不出现黑色。

2. MIU 实验

志贺菌无动力,在半固体培养基中沿穿刺线生长。吲哚和尿素实验为阴性。

(四)血清学分型鉴定

对疑为志贺氏菌,挑取培养物,做玻片凝集实验。先用 4 种志贺菌多价血清检查,如果由于 K 抗原的存在而不出现凝集,应将菌液煮沸后再检查;如果呈现凝集,则用 A1、A2、B 群多价和 D 群血清分别实验。4 种志贺菌多价血清不凝集的菌株,可用鲍氏多价 1、2、3 分别检查,并进一步用 1～15 各型因子血清检查。如果鲍氏多价血清不凝集,可用痢疾志贺菌 3～12 型多价血清及各型因子血清鉴定。

(五)结果报告

综合以上生化实验和血清学分型鉴定的结果判定菌型并作出报告。

【附录】

1. 四硫磺酸钠煌绿(TTB)增菌液的配制

(1) 成分:蛋白胨 9 g、牛肉膏粉 4.5 g、氯化钠 2.7 g、碳酸钙 40.5 g、无水硫代硫酸钠 31.9 g、牛胆盐 5 g。

（2）制法：称取本培养基 93.6 g，加入蒸馏水或去离子水 1 L，搅拌加热煮沸至完全溶解，分装于三角瓶中，每瓶 100 mL。将三角瓶放入灭菌锅中，121 ℃高压灭菌 20 min，冷至 30 ℃，每 100 mL 基础培养基中加入四硫磺酸钠煌绿增菌液配套试剂（SR0040）2 支，调 pH 至 7.0±0.2。

2．亚硒酸盐胱氨酸（SC）增菌液的配制

（1）成分：蛋白胨 5 g、乳糖 4 g、亚硒酸氢钠 4 g、磷酸氢二钠（含 12 个结晶水）10 g、L-胱氨酸 0.01 g、蒸馏水 1 000 mL。

（2）制法：称取本培养基 23 g，加入蒸馏水或去离子水 1 L，搅拌加热煮沸至完全溶解，分装三角瓶，冷至常温备用。

3．亚硫酸铋（BS）琼脂的配制

（1）成分：蛋白胨 10 g、牛肉膏 5 g、葡萄糖 5 g、硫酸亚铁 0.3 g、磷酸氢二钠 4 g、煌绿 0.025 g、柠檬酸铋铵 2 g、亚硫酸钠 6 g、琼脂 18 g、蒸馏水 1 000 mL。

（2）制法：将前三种成分加入 300 mL 蒸馏水中制作基础液，将硫酸亚铁和磷酸氢二钠加入 50 mL 蒸馏水中，将柠檬酸铋铵和亚硫酸钠加入另一 50 mL 蒸馏水中，将琼脂加入 600 mL 蒸馏水中。然后分别搅拌均匀，静置约 30 min，加热煮沸至完全溶解。冷至 80 ℃左右时，先将硫酸亚铁和磷酸氢二钠混匀液倒入基础液中，混匀。将柠檬酸铋铵和亚硫酸钠混匀液倒入基础液中，再混匀。调 pH 至 7.5±0.1，随即倾入琼脂液中，混合均匀，冷至 50～55 ℃。加入煌绿溶液，充分混匀后立即倾注平皿，每皿约 20 mL。

4．HE 琼脂的配制

（1）成分：蛋白胨 12 g、牛肉膏粉 3 g、乳糖 12 g、蔗糖 12 g、水杨素 2 g、胆盐 20 g、氯化钠 5 g、琼脂 15 g、溴麝香草酚蓝 0.064 g、酸性复红 0.1 g、硫代硫酸钠 6.8 g、柠檬酸铁铵 0.8 g、去氧胆酸钠 2 g、蒸馏水 1 000 mL。

（2）制法：称取本培养基 75.6 g，溶于 1 000 mL 蒸馏水中，煮沸至完全溶解，调 pH 至 7.5±0.2，冷至 50 ℃时倾入无菌平皿，24 h 内使用。

5．木糖赖氨酸脱氧胆盐（XLD）琼脂的配制

（1）成分：酵母浸粉 3 g、L-赖氨酸 5 g、乳糖 7.5 g、蔗糖 7.5 g、木糖 3.5 g、氯化钠 5 g、硫代硫酸钠 6.8 g、柠檬酸铁铵 0.8 g、脱氧胆酸钠 2.5 g、酚红 0.08 g、琼脂 13.5 g、蒸馏水 1 000 mL。

（2）制法：称取本品 57 g，加热搅拌溶解于 1 000 mL 纯化水中，调节 pH 7.4±0.2，不要过分加热。冷至 50 ℃时倾入无菌平皿，部分开盖干燥 2 h，然后盖上备用。无需高压灭菌。

6．氰化钾培养基的配制

（1）成分：蛋白胨 10 g、氯化钠 5 g、磷酸二氢钾 0.225 g、磷酸氢二钠 5.64 g、0.5%氰化钾溶液 20 mL、蒸馏水 1 000 mL。

（2）制法：将除氰化钾以外的成分配好后分装烧瓶，的 121 ℃下高压灭菌 15 min。放在冰箱内使其充分冷却。每 100 mL 培养基中加入 0.5%氰化钾溶液 2 mL，分装于灭菌试管中，每管约为 4 mL，立刻用灭菌橡皮塞塞紧，放在 4 ℃冰箱 内保存。同时，将不加氰化钾的培养基作为对照培养基，分装试管备用。

7. 赖氨酸脱羧酶实验培养基的配制

（1）成分：蛋白胨 5 g、肉膏 5 g、葡萄糖 0.5 g、吡哆醛（VB6）0.005 g、琼脂 6 g、0.2%溴甲酚紫 5 mL、0.2%甲酚红 2.5 mL、蒸馏水 1 000 mL。

（2）制法：将蛋白胨、肉膏、葡萄糖、琼脂及吡哆醛溶化后，调整 pH 为 6.0～6.3。再按量加入溴甲酚紫和甲酚红。在每 100 mL 基础培养基内，按 1%加入 L -赖氨酸。另 100 mL 基础培养基不加氨基酸作为对照。加入氨基酸后再调整 pH 至 6.0～6.3，分装小试管，15 磅 15 min 灭菌，置高层。使用前，表面覆盖一层 灭菌液体石蜡。

注意：赖氨酸和鸟氨酸事先必须用 10% NaOH 溶解，然后加入基础培养基中，再调 pH。

8. CN 增菌液的配制

（1）成分：胰蛋白胨 20 g、柠檬酸钠 5 g、磷酸二氢钾 1.5 g、葡萄糖 1 g、去氧胆 碱酸钠 0.5 g、氯化钠 5 g、甘露醇 2 g、磷酸氢二钾 4 g、蒸馏水 1 000 mL。

（2）制法：将培养基按上述成分配好，加热至完全溶解，校正 pH 至 7.0。分装 后 115 ℃ 高温灭菌 15 min。

（马丽娜）